计算机科学与技术研究生系列教材

计算模型导引

Jisuan Moxing Daoyin

宋方敏 编著

高等教育出版社·北京

内容提要

本书是理论计算机科学的入门教材，主要介绍递归函数、算盘机、λ–演算、组合逻辑和 Turing 机等计算模型。书中每章附有适量习题，供读者选做。

本书可作为高等学校计算机及相关专业高年级本科生和研究生的教材，也可作为计算机科学与技术研究人员的参考书。

图书在版编目（CIP）数据

计算模型导引 / 宋方敏编著. -- 北京：高等教育出版社，2012.6（2025.1 重印）

ISBN 978-7-04-034737-1

Ⅰ. ①计… Ⅱ. ①宋… Ⅲ. ①计算模型-研究生-教材 Ⅳ. ①O24

中国版本图书馆 CIP 数据核字（2012）第 088206 号

策划编辑	张 龙	责任编辑	张 龙	封面设计	张卫青	版式设计	王艳红
插图绘制	尹 莉	责任校对	刘春萍	责任印制	耿 轩		

出版发行	高等教育出版社
社　　址	北京市西城区德外大街 4 号
邮政编码	100120
印　　刷	河北信瑞彩印刷有限公司
开　　本	787mm×960mm　1/16
印　　张	10
字　　数	180 千字
购书热线	010-58581118
咨询电话	400-810-0598
网　　址	http://www.hep.edu.cn
	http://www.hep.com.cn
网上订购	http://www.landraco.com
	http://www.landraco.com.cn
版　　次	2012 年 6 月第 1 版
印　　次	2025 年 1 月第 3 次印刷
定　　价	24.00 元

本书如有缺页、倒页、脱页等质量问题，请到所购图书销售部门联系调换
版权所有　侵权必究
物　料　号　34737-A0

前　言

计算 (computation) 概念的形式化是 20 世纪的重大科学成果之一。

很久以来，人们一直在问"什么是计算"、"计算的范围有多大"等问题。在 20 世纪 30 年代，Church，Turing，Gödel 和 Kleene 等人各自提出模型来描述计算概念，形成所谓的可计算性理论 (computability theory)。该理论旨在精确描述直觉概念——可计算函数。从此，标准的计算模型出现。今日计算机可看作此模型的实现。从计算机科学的角度来看，该理论解决以下问题：计算机可以做什么？计算机的能力有极限吗？

本书主要介绍递归函数、算盘机、λ-演算、组合逻辑和 Turing 机等计算模型。这些模型对计算机科学、哲学和数学基础产生了巨大而深远的影响。

本书作为研究生课程讲义，在南京大学已试用多年，许多同学对讲义内容和习题提出了大量的宝贵意见。在此，感谢胡海星、戴静安、吴楠、郑惠民、朱小虎、顾天晓等同学。特别感谢胡海星同学的帮助，他对本书进行的排版和一些修正使其更加易读易懂。衷心感谢高等教育出版社的大力支持。最后感谢我的家人一直以来对我的支持和关心。

由于作者才疏学浅，书中一定还有疏漏和不足之处，希望读者批评指正。

宋方敏

2011 年秋于南京大学

目　　录

第一章　递归函数 ······································· 1
　§ 1.1　数论函数 ··· 1
　§ 1.2　配对函数 ··· 7
　§ 1.3　初等函数 ··· 14
　§ 1.4　原始递归函数 ····································· 25
　§ 1.5　递归函数 ··· 42
　§ 1.6　结论 ··· 48
　习题 ··· 49

第二章　算盘机 ··· 53
　§ 2.1　算盘机的定义 ····································· 53
　§ 2.2　算盘机可计算函数 ································· 56
　§ 2.3　算盘机的计算能力 ································· 59
　习题 ··· 70

第三章　λ–演算 ·· 71
　§ 3.1　λ–演算的语法 ···································· 72
　§ 3.2　转换 ··· 76
　§ 3.3　归约 ··· 80
　§ 3.4　Church-Rosser 定理 ······························· 85
　§ 3.5　不动点定理 ······································· 93
　§ 3.6　递归函数的 λ–可定义性 ···························· 95
　§ 3.7　与递归论对应的结果 ······························· 100
　习题 ··· 104

第四章　组合逻辑 ······································· 107
　§ 4.1　组合子的形式系统 ································· 107
　§ 4.2　弱归约 ··· 111
　§ 4.3　CL 与 λ 的对应 ··································· 114
　习题 ··· 119

第五章　Turing 机 ……………………………………… 121
§5.1　Turing 机的形式描述 ……………………………… 121
§5.2　Turing 机的计算能力 ……………………………… 127
§5.3　可判定性与停机问题 ……………………………… 138
§5.4　通用 Turing 机 ………………………………… 141
§5.5　Church-Turing 论题 ……………………………… 147
习题 ……………………………………………………… 148

参考文献 ……………………………………………… 151

第一章 递归函数

人类在 20 世纪为形式化"可计算"这个概念，提出了许多模型. 本章将介绍递归函数类及其所刻画的直觉可计算函数类，这是一个重要的计算模型.

历史上，在 1936 年由 Gödel, Herbrand 和 Kleene 提出一般递归函数，这是由等式演算定义的 [Kle52]. 同年，由 Gödel 和 Kleene 提出 μ-递归函数和部分递归函数. Kleene 证明一般递归函数集等同于 μ-递归函数集. 有时将一般递归简称为递归.

递归函数类在本书后继的章节中将经常被引用.

§1.1 数论函数

定义 1.1 (数论函数)　设 $\mathbb{N} = \{0, 1, 2, 3, \cdots\}$ 为全体自然数之集, $\mathbb{N}^+ = \mathbb{N} - \{0\}$. 若 $f: \mathbb{N}^k \to \mathbb{N}$, $k \in \mathbb{N}^+$ 为全函数，则 f 被称为 k 元数论全函数 (total number-theoretic function)，简称数论函数 (number-theoretic function). 若 f 为函数且 $\mathrm{dom}(f) \subseteq \mathbb{N}^k$, $\mathrm{ran}(f) \subseteq \mathbb{N}$, 则 f 被称为部分数论函数 (partial number-theoretic function).

定义 1.2 (本原函数)　以下数论函数被称为本原函数 (initial function):

(1) 零函数 $Z: \mathbb{N} \to \mathbb{N}, \forall x \in \mathbb{N}. Z(x) = 0$;

(2) 后继函数 $S: \mathbb{N} \to \mathbb{N}, \forall x \in \mathbb{N}. S(x) = x + 1$;

(3) 投影函数 $P_i^n: \mathbb{N}^n \to \mathbb{N}, \forall x_1, \cdots, x_n \in \mathbb{N}. P_i^n(x_1, \cdots, x_n) = x_i$,

其中 $n \in \mathbb{N}^+$ 且 $1 \leqslant i \leqslant n$.

全体本原函数之类记作 $\mathcal{IF}$.

下面列举一些常用数论函数.

例 1.1 前驱函数 $\mathrm{pred} : \mathbb{N} \to \mathbb{N}$ 定义为
$$\mathrm{pred}(x) = \begin{cases} 0, & \text{若 } x = 0, \\ x - 1, & \text{若 } x > 0. \end{cases}$$

例 1.2 加法函数 $\mathrm{add} : \mathbb{N} \times \mathbb{N} \to \mathbb{N}$ 定义为
$$\mathrm{add}(x, y) = x + y.$$

例 1.3 算术差函数 $\mathrm{sub} : \mathbb{N} \times \mathbb{N} \to \mathbb{N}$ 定义为
$$\mathrm{sub}(x, y) = \begin{cases} 0, & \text{若 } x \leqslant y, \\ x - y, & \text{若 } x > y. \end{cases}$$

简记为 $x \dot{-} y$.

例 1.4 绝对差函数 $\mathrm{diff} : \mathbb{N} \times \mathbb{N} \to \mathbb{N}$ 定义为
$$\mathrm{diff}(x, y) = |x - y|.$$

简记为 $x \ddot{-} y$.

例 1.5 乘法函数 $\mathrm{mul} : \mathbb{N} \times \mathbb{N} \to \mathbb{N}$ 定义为
$$\mathrm{mul}(x, y) = x \times y.$$

例 1.6 除法函数 $\mathrm{div} : \mathbb{N} \times \mathbb{N} \to \mathbb{N}$ 定义为
$$\mathrm{div}(x, y) = \lfloor x/y \rfloor.$$

其中 $\lfloor x \rfloor$ 表示小于或等于 x 的最大整数. 约定 $\mathrm{div}(x, 0) = \lfloor x/0 \rfloor = 0$.

例 1.7 求余函数 $\mathrm{rs} : \mathbb{N} \times \mathbb{N} \to \mathbb{N}$ 定义为
$$\mathrm{rs}(x, y) = x \dot{-} (y \times \lfloor x/y \rfloor).$$

例 1.8 指数函数 $\mathrm{pow} : \mathbb{N} \times \mathbb{N} \to \mathbb{N}$ 定义为
$$\mathrm{pow}(x, y) = x^y.$$

约定 $\mathrm{pow}(x, 0) = x^0 = 1$.

例 1.9 平方函数 $\mathrm{sq}: \mathbb{N} \to \mathbb{N}$ 定义为
$$\mathrm{sq}(x) = x^2.$$

例 1.10 数论函数 $E: \mathbb{N} \to \mathbb{N}$ 定义为
$$E(x) = x - \lfloor \sqrt{x} \rfloor^2.$$

例 1.11 数论函数 $\max: \mathbb{N} \times \mathbb{N} \to \mathbb{N}$ 定义为
$$\max(x, y) = \begin{cases} x, & \text{若 } x \geqslant y, \\ y, & \text{若 } x < y. \end{cases}$$

例 1.12 数论函数 $\min: \mathbb{N} \times \mathbb{N} \to \mathbb{N}$ 定义为
$$\min(x, y) = \begin{cases} x, & \text{若 } x < y, \\ y, & \text{若 } x \geqslant y. \end{cases}$$

例 1.13 最大公约数函数 $\gcd: \mathbb{N} \times \mathbb{N} \to \mathbb{N}$ 定义为
$$\gcd(x, y) = \max\{z : (z \mid x) \wedge (z \mid y)\}.$$

其中 $z \mid x$ 表示 z 整除 x. 约定 $\gcd(x, 0) = \gcd(0, x) = x$.

例 1.14 最小公倍数函数 $\mathrm{lcm}: \mathbb{N} \times \mathbb{N} \to \mathbb{N}$ 定义为
$$\mathrm{lcm}(x, y) = \min\{z : (x \mid z) \wedge (y \mid z)\}.$$

约定 $\mathrm{lcm}(0, x) = \mathrm{lcm}(x, 0) = 0$.

例 1.15 素数枚举函数 $P: \mathbb{N} \to \mathbb{N}$ 定义为
$$P(n) = \text{第 } n \text{ 个素数}.$$

这里素数从 0 开始计数. $P(n)$ 可简记为 P_n. 例如, $P_0 = 2, P_1 = 3, P_2 = 5, P_3 = 7, \cdots$

例 1.16 数论函数 $\mathrm{ep}: \mathbb{N} \times \mathbb{N} \to \mathbb{N}$ 定义为

$\mathrm{ep}(n, x) = x$ 的素因子分解式中第 n 个素数 P_n 的指数.

这里素数从 0 开始计数. $\mathrm{ep}(n,x)$ 可简记为 $\mathrm{ep}_n(x)$. 例如,令 $x = 2^3 \times 5^2 \times 11$,则 $\mathrm{ep}_0(x) = 3, \mathrm{ep}_1(x) = 0$, $\mathrm{ep}_2(x) = 2$, $\mathrm{ep}_3(x) = 0$, $\mathrm{ep}_4(x) = 1$; 对于任意 $n \geqslant 5, \mathrm{ep}_n(x) = 0$.

例 1.17 数论函数 $\mathrm{eq} : \mathbb{N} \times \mathbb{N} \to \mathbb{N}$ 定义为
$$\mathrm{eq}(x,y) = \begin{cases} 0, & \text{若 } x = y, \\ 1, & \text{若 } x \neq y. \end{cases}$$

例 1.18 数论函数 $N : \mathbb{N} \to \mathbb{N}$ 定义为
$$N(x) = \begin{cases} 0, & \text{若 } x \neq 0, \\ 1, & \text{若 } x = 0. \end{cases}$$

例 1.19 数论函数 $N^2 : \mathbb{N} \to \mathbb{N}$ 定义为
$$N^2(x) = \begin{cases} 0, & \text{若 } x = 0, \\ 1, & \text{若 } x \neq 0. \end{cases}$$

例 1.20 数论函数 $N : \mathbb{N} \times \mathbb{N} \to \mathbb{N}$ 定义为
$$x \, N \, y = \begin{cases} x, & \text{若 } y = 0, \\ 0, & \text{若 } y \neq 0. \end{cases}$$

例 1.21 数论函数 $N^2 : \mathbb{N} \times \mathbb{N} \to \mathbb{N}$ 定义为
$$x \, N^2 \, y = \begin{cases} 0, & \text{若 } y = 0, \\ x, & \text{若 } y \neq 0. \end{cases}$$

由已知函数可产生新函数. 下面介绍函数的复合和算子.

约定 1.3 设 $n \in \mathbb{N}^+$, 可将序列 $x_1, x_2, \cdots, x_n$ 简记为 $\vec{x}$.

定义 1.4 (函数的复合) 设 $m, n \in \mathbb{N}^+, f : \mathbb{N}^m \to \mathbb{N}, g_i : \mathbb{N}^n \to \mathbb{N}$, 其中 $i = 1, 2, \cdots, m$. f 和 $g_1, \cdots, g_m$ 的复合 $\mathrm{Comp}_m^n[f, g_1, \cdots, g_m]$ 为 n 元数论函数 $h : \mathbb{N}^n \to \mathbb{N}$, 定义为
$$h(\vec{x}) = f(g_1(\vec{x}), \cdots, g_m(\vec{x})).$$
若 $m = 1$, 则 $\mathrm{Comp}_1^n[f, g]$ 可简记为 $f \circ g$.

一些不规则的变化可由复合完成.

例 1.22 设 $f : \mathbb{N}^2 \to \mathbb{N}$.

(1) 由 f 产生新函数 $g : \mathbb{N} \to \mathbb{N}$ 且 $g(x) = f(x,x)$, 可由以下复合完成:

令 $g = \text{Comp}_2^1[f, P_1^1, P_1^1]$, 则对于任何 $x \in \mathbb{N}$ 有
$$g(x) = f(P_1^1(x), P_1^1(x)) = f(x,x).$$

(2) 由 f 产生新函数 $h : \mathbb{N}^2 \to \mathbb{N}$ 且 $h(x,y) = f(x,x)$, 可由以下复合完成:

令 $h = \text{Comp}_2^2[f, P_1^2, P_1^2]$, 则对于任何 $x, y \in \mathbb{N}$ 有
$$h(x,y) = f(P_1^2(x,y), P_1^2(x,y)) = f(x,x).$$

定义 1.5 (有界迭加算子) 设 $k \in \mathbb{N}, f : \mathbb{N}^{k+1} \to \mathbb{N}$ 为 $k+1$ 元数论全函数. 函数 f 的有界迭加 (bounded sum) $\sum_{i=0}^{n}[f(i, \vec{x})]$ 为 $k+1$ 元数论全函数 $g : \mathbb{N}^{k+1} \to \mathbb{N}$, 定义为
$$g(n, \vec{x}) = f(0, \vec{x}) + f(1, \vec{x}) + \cdots + f(n, \vec{x}).$$

$\Sigma[\,\cdot\,]$ 称为迭加算子, 且称 $g(n, \vec{x}) = \sum_{i=0}^{n}[f(i, \vec{x})]$ 由 f 经有界迭加算子而得.

定义 1.6 (有界迭乘算子) 设 $k \in \mathbb{N}, f : \mathbb{N}^{k+1} \to \mathbb{N}$ 为 $k+1$ 元数论全函数. 函数 f 的有界迭乘 (bounded product) $\prod_{i=0}^{n}[f(i, \vec{x})]$ 为 $k+1$ 元数论全函数 $g : \mathbb{N}^{k+1} \to \mathbb{N}$, 定义为
$$g(n, \vec{x}) = f(0, x) \cdot f(1, \vec{x}) \cdots f(n, \vec{x}).$$

$\Pi[\,\cdot\,]$ 称为迭乘算子, 且称 $g(n, \vec{x}) = \prod_{i=0}^{n}[f(i, \vec{x})]$ 由 f 经有界迭乘算子而得.

定义 1.7 (有界 μ–算子) 设 $k \in \mathbb{N}, f : \mathbb{N}^{k+1} \to \mathbb{N}$ 为 $k+1$ 元数论全函数. $\mu x \leqslant n.\,[f(x, \vec{y})]$ 为 $k+1$ 元数论全函数 $g : \mathbb{N}^{k+1} \to \mathbb{N}$, 定义为
$$g(n, \vec{y}) = \begin{cases} \min\{x : 0 \leqslant x \leqslant n \wedge f(x, \vec{y}) = 0\}, & \text{若存在 } 0 \leqslant x \leqslant n \text{ 使 } f(x, \vec{y}) = 0, \\ n, & \text{否则}. \end{cases}$$

$\mu x \leqslant n.\,[f(x, \vec{y})]$ 有时也记作 $\min x \leqslant n.\,[f(x, \vec{y})]$. $\mu x \leqslant n.\,[\,\cdot\,]$ 称为有界 μ–算子, 且称 $g(n, \vec{y}) = \mu x \leqslant n.\,[f(x, \vec{y})]$ 由 f 经有界 μ–算子而得.

定义 1.8 (有界 max – 算子)　设 $k \in \mathbb{N}, f: \mathbb{N}^{k+1} \to \mathbb{N}$ 为 $k+1$ 元数论全函数. $\max x \leqslant n. [f(x, \vec{y})]$ 为 $k+1$ 元数论全函数 $g: \mathbb{N}^{k+1} \to \mathbb{N}$, 定义为

$$g(n, \vec{y}) = \begin{cases} \max\{x : 0 \leqslant x \leqslant n \wedge f(x, \vec{y}) = 0\}, & \text{若存在 } 0 \leqslant x \leqslant n \text{ 使 } f(x, \vec{y}) = 0, \\ 0, & \text{否则.} \end{cases}$$

$\max x \leqslant n. [\ \cdot\ ]$ 称为有界 max – 算子, 且称 $g(n, \vec{y}) = \max x \leqslant n. [f(x, \vec{y})]$ 由 f 经有界 max – 算子而得.

定义 1.9 (基本函数)　基本函数 (basic functions) 类 $\mathcal{BF}$ 是满足以下条件的最小函数集合:

(1) $\mathcal{IF} \subseteq \mathcal{BF}$, 这里 $\mathcal{IF}$ 为定义 1.2 中的本原函数集合;

(2) $\mathcal{BF}$ 对于复合封闭, 即对于任意的 $m, n \in \mathbb{N}^+, f: \mathbb{N}^m \to \mathbb{N}, g_1, \cdots, g_m: \mathbb{N}^n \to \mathbb{N}$, 若 $f, g_1, \cdots, g_m \in \mathcal{BF}$, 则 $\mathrm{Comp}_m^n[f, g_1, \cdots, g_m] \in \mathcal{BF}$.

根据定义 1.9, 显然有事实 1.1.

事实 1.1

$$\mathcal{BF} = \bigcap \{\mathcal{A} : \mathcal{IF} \subseteq \mathcal{A} \wedge \mathcal{A} \text{ 对于复合封闭}\}.$$

定理 1.2　设 f 为数论函数, $f \in \mathcal{BF}$ 当且仅当存在数论函数序列 $f_0, \cdots, f_n$, 使得 $f = f_n$, 且对于 $0 \leqslant i \leqslant n, f_i$ 满足下述条件之一:

(1) $f_i \in \mathcal{IF}$; 或

(2) 存在 $k, m > 0$ 及 $i_0, i_1, \cdots, i_k < i$ (注意, 允许某个 $i_u = i_v$), 使得 $f_{i_0}: \mathbb{N}^k \to \mathbb{N}, f_{i_1}, \cdots, f_{i_k}: \mathbb{N}^m \to \mathbb{N}$, 且

$$f_i = \mathrm{Comp}_k^m[f_{i_0}, f_{i_1}, \cdots, f_{i_k}],$$

即 f_i 由其前 $k+1$ 个函数 $f_{i_0}, f_{i_1}, \cdots, f_{i_k}$ 复合而来.

函数序列 $f_0, \cdots, f_n$ 被称为基本函数 f 的构造过程. 注意, f 的构造过程可能不唯一. 设 f 的最短构造过程为 $f_0, \cdots, f_n$, 则 n 被称为 f 的构造长度.

证明　设

$$\mathcal{BF}' = \{f : f \text{ 存在构造过程 } f_0, \cdots, f_n\}.$$

欲证 $\mathcal{BF}' = \mathcal{BF}$, 只需证 $\mathcal{BF} \subseteq \mathcal{BF}'$ 且 $\mathcal{BF}' \subseteq \mathcal{BF}$.

易见 $\mathcal{IF} \subseteq \mathcal{BF}'$ 且 $\mathcal{BF}'$ 对于复合封闭, 由事实 1.1 知 $\mathcal{BF} \subseteq \mathcal{BF}'$.

设 $\mathcal{A}$ 为任意满足 $\mathcal{IF} \subseteq \mathcal{A}$ 且对于复合封闭的集合, 下面证 $\mathcal{BF}' \subseteq \mathcal{A}$. 设 $f \in \mathcal{BF}'$, 对 f 的构造长度 l 作归纳证明 $f \in \mathcal{A}$.

当 $l=0$ 时, $f \in \mathcal{IF}$, 从而 $f \in \mathcal{A}$.

假设在 $l \leqslant n$ 时, $f \in \mathcal{A}$.

当 $l = n+1$ 时, 设 f 的最短构造过程为 $f_0, \cdots, f_n, f_{n+1}$, 则有两种情况:

情况 1. 若 $f_{n+1} \in \mathcal{IF}$, 则 $f_{n+1} \in \mathcal{A}$, 故 $f = f_{n+1} \in \mathcal{A}$;

情况 2. 若 f_{n+1} 由其前 $k+1$ 个函数 $f_{l_0} : \mathbb{N}^k \to \mathbb{N}$, $f_{l_1}, \cdots, f_{l_k} : \mathbb{N}^m \to \mathbb{N}$ 由复合而得, 易见对于任意的 $0 \leqslant i \leqslant n$, f_i 存在一个构造过程 $f_0, f_1, \cdots, f_i$, 故 f_i 的构造长度 $l_i \leqslant i \leqslant n$, 根据归纳假设知 $f_i \in \mathcal{A}$, 因此 $f_{l_0}, f_{l_1}, \cdots, f_{l_k} \in \mathcal{A}$. 又因为 $\mathcal{A}$ 对复合封闭, 所以

$$f_{n+1} = \mathrm{Comp}_k^m[f_{l_0}, f_{l_1}, \cdots, f_{l_k}] \in \mathcal{A}.$$

故 $f = f_{n+1} \in \mathcal{A}$.

综上所述, 若 $f \in \mathcal{BF}'$, 则 $f \in \mathcal{A}$, 因此 $\mathcal{BF}' \subseteq \mathcal{A}$. 由事实 1.1 知 $\mathcal{BF}' \subseteq \mathcal{BF}$. 因为 $\mathcal{BF} \subseteq \mathcal{BF}'$ 且 $\mathcal{BF}' \subseteq \mathcal{BF}$, 故 $\mathcal{BF} = \mathcal{BF}'$. □

根据定理 1.2, 要证明 $f \in \mathcal{BF}$, 只需作出 f 的构造过程. 以后我们说对基本函数 f 的结构作归纳证明, 就是指对基本函数 f 的构造长度作归纳证明, 这是自然数上的归纳法.

§1.2 配 对 函 数

在递归函数论中, 配对函数具有重要作用.

定义 1.10 (配对函数) 设 $\mathrm{pg}(x,y) : \mathbb{N}^2 \to \mathbb{N}, K(x) : \mathbb{N} \to \mathbb{N}, L(x) : \mathbb{N} \to \mathbb{N}$ 为数论函数, 若它们对于任意 $x, y \in \mathbb{N}$, 满足

$$K(\mathrm{pg}(x,y)) = x,$$
$$L(\mathrm{pg}(x,y)) = y,$$

则称 pg 为配对函数 (pairing function), K 和 L 分别为左函数和右函数, $\{\mathrm{pg}, K, L\}$ 为配对函数组.

定义 1.11 (Gödel 编码) 设 $n \in \mathbb{N}$, 令 $g : \mathbb{N}^{n+1} \to \mathbb{N}$ 定义为

$$g(x_0, \cdots, x_n) = \prod_{i=0}^{n} [P_i^{x_i}],$$

其中 P_i 为例 1.15 中所定义的函数, 表示第 i 个素数. $g(x_0, \cdots, x_n)$ 记作 $\langle x_0, \cdots, x_n \rangle$, 称为 $x_0, \cdots, x_n$ 的 Gödel 编码.

引理 1.3　关于 Gödel 编码有下述性质:

(1) $\mathrm{ep}_i(\langle x_0,\cdots,x_n\rangle) = \begin{cases} x_i, & \text{若 } 0 \leqslant i \leqslant n, \\ 0, & \text{否则}; \end{cases}$

(2) $\langle x_0,\cdots,x_n\rangle = \langle y_0,\cdots,y_n\rangle$ 当且仅当 $\forall i \leqslant n. x_i = y_i$;

(3) $\langle x_0,\cdots,x_n,0,\cdots,0\rangle = \langle x_0,\cdots,x_n\rangle$;

(4) 若 $\langle x_0,\cdots,x_m\rangle = \langle y_0,\cdots,y_n\rangle$ 且 $x_m \cdot y_n \neq 0$, 则 $m = n$ 且 $\forall i \leqslant n. x_i = y_i$.

证明　留作习题.　□

引理 1.4　令

$$\mathrm{pg}(x,y) = \langle x,y\rangle = 2^x \times 3^y,$$
$$K(z) = \mathrm{ep}_0(z),$$
$$L(z) = \mathrm{ep}_1(z),$$

其中 $\langle x,y\rangle$ 为定义 1.11 中的 Gödel 编码, 则 $\{\mathrm{pg}, K, L\}$ 为配对函数组.

证明　留作习题.　□

注意, 引理 1.4 中用 Gödel 编码定义的配对函数组不满足

$$\langle \mathrm{ep}_0(z), \mathrm{ep}_1(z)\rangle = z.$$

当 $z = 2 \times 3 \times 5$ 时, 该等式不成立. 因此 pg 为单射 (1–1), 但不是满射 (onto).

引理 1.5　令

$$\mathrm{pg}(x,y) = 2^x(2y+1),$$
$$K(z) = \mathrm{ep}_0(z),$$
$$L(z) = \left\lfloor \frac{z}{2^{(\mathrm{ep}_0(z)+1)}} \right\rfloor,$$

则 $\{\mathrm{pg}, K, L\}$ 为配对函数组.

证明　留作习题.　□

定义 1.12　若配对函数组 $\{\mathrm{pg}, K, L\}$ 使 pg 穷尽一切自然数 $(\mathrm{ran}(\mathrm{pg}) = \mathbb{N})$, 即每个自然数都有一个编号, 则称 $\{\mathrm{pg}, K, L\}$ 是一一对应的.

引理 1.6 $\{\mathrm{pg}, K, L\}$ 是一一对应的当且仅当
$$\forall x \in \mathbb{N}.\ \mathrm{pg}(K(x), L(x)) = x.$$

证明

$\Longrightarrow$：因为 $\{\mathrm{pg}, K, L\}$ 是一一对应的，所以对于任意 $x \in \mathbb{N}$，存在 $u, v \in \mathbb{N}$，使得 $\mathrm{pg}(u, v) = x$，于是
$$K(x) = K(\mathrm{pg}(u, v)) = u,$$
$$L(x) = L(\mathrm{pg}(u, v)) = v.$$

故
$$\mathrm{pg}(K(x), L(x)) = \mathrm{pg}(u, v) = x.$$

$\Longleftarrow$：根据定义 1.12 显然成立. $\qquad\square$

引理 1.7 令
$$\mathrm{pg}(i, j) = \frac{(i+j)(i+j+1)}{2} + i,$$
$$K(z) = z - \frac{n(n+1)}{2},$$
$$L(z) = n - K(z),$$

其中
$$n = \left\lfloor \frac{\sqrt{8z+1} - 1}{2} \right\rfloor,$$

则 $\{\mathrm{pg}, K, L\}$ 为配对函数组.

证明 将数列按图 1.1 中箭头所指的对角线排序，令 (i, j) 在该序列中的序号为 (i, j) 的编码 $\mathrm{pg}(i, j)$，则
$$\mathrm{pg}(0, 0) = 0,$$
$$\mathrm{pg}(0, 1) = 1,$$
$$\mathrm{pg}(1, 0) = 2,$$
$$\mathrm{pg}(0, 2) = 3,$$
$$\mathrm{pg}(1, 1) = 4,$$
$$\cdots\cdots$$
$$\mathrm{pg}(0, n) = \frac{n(n+1)}{2},$$
$$\cdots\cdots$$
$$\mathrm{pg}(i, j) = \frac{(i+j)(i+j+1)}{2} + i.$$

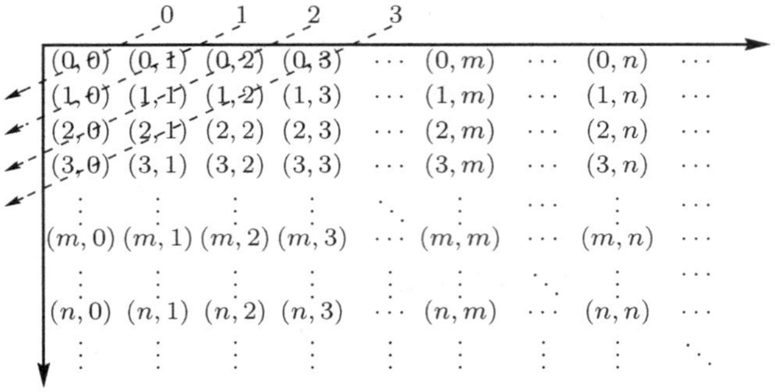

```
        0   1   2   3
    (0,0) (0,1) (0,2) (0,3) ⋯ (0,m) ⋯ (0,n) ⋯
    (1,0) (1,1) (1,2) (1,3) ⋯ (1,m) ⋯ (1,n) ⋯
    (2,0) (2,1) (2,2) (2,3) ⋯ (2,m) ⋯ (2,n) ⋯
    (3,0) (3,1) (3,2) (3,3) ⋯ (3,m) ⋯ (3,n) ⋯
     ⋮     ⋮     ⋮     ⋮         ⋮        ⋮
    (m,0) (m,1) (m,2) (m,3) ⋯ (m,m) ⋯ (m,n) ⋯
     ⋮     ⋮     ⋮     ⋮         ⋮        ⋮
    (n,0) (n,1) (n,2) (n,3) ⋯ (n,m) ⋯ (n,n) ⋯
     ⋮     ⋮     ⋮     ⋮         ⋮        ⋮
```

图 1.1 $\mathbb{N} \times \mathbb{N}$ 阵列

因为在满足 $i+j=n$ 的斜线上有元素

$$(0,n),(1,n-1),\cdots,(i,n-i),\cdots,(n,0),$$

故斜线 $i+j=n$ 上共有 $n+1$ 个元素.

设 (i,j) 在斜线 $i+j=n$ 上, 在该斜线之前有

$$1+2+\cdots+n=\frac{n(n+1)}{2}$$

个元素, 故

$$\mathrm{pg}(0,n)=\frac{n(n+1)}{2}.$$

注意到 $i+j=n$, 从而

$$\mathrm{pg}(i,j)=\frac{n(n+1)}{2}+i=\frac{(i+j)(i+j+1)}{2}+i.$$

设 $\mathrm{pg}(i,j)=z$, 构造 $K(z)$ 与 $L(z)$ 使得

$$K(\mathrm{pg}(i,j))=i,$$
$$L(\mathrm{pg}(i,j))=j.$$

先设 (i,j) 在斜线 $i+j=n$ 上, 于是

$$\mathrm{pg}(0,n) \leqslant \mathrm{pg}(i,j) < \mathrm{pg}(0,n+1) \iff \frac{n(n+1)}{2} \leqslant z < \frac{(n+1)(n+2)}{2}$$
$$\iff n^2+n \leqslant 2z < n^2+3n+2$$
$$\iff \left(n+\frac{1}{2}\right)^2-\frac{1}{4} \leqslant 2z < \left(n+\frac{3}{2}\right)^2-\frac{1}{4}$$

$$\iff \left(n+\frac{1}{2}\right)^2 \leqslant 2z+\frac{1}{4} < \left(n+\frac{3}{2}\right)^2$$
$$\iff n+\frac{1}{2} \leqslant \frac{\sqrt{8z+1}}{2} < n+\frac{3}{2}$$
$$\iff n \leqslant \frac{\sqrt{8z+1}-1}{2} < n+1$$
$$\iff n = \left\lfloor \frac{\sqrt{8z+1}-1}{2} \right\rfloor.$$

注意到 $z = \mathrm{pg}(i,j) = \dfrac{n(n+1)}{2}+i$ 以及 $i+j=n$,令

$$K(z) = z - \frac{n(n+1)}{2},$$
$$L(z) = n - K(z)$$

即可. □

定义 1.13 (多元配对函数)   设 $n \in \mathbb{N}$,若函数 $J_n : \mathbb{N}^{n+1} \to \mathbb{N}$, $\pi_0, \cdots, \pi_n : \mathbb{N} \to \mathbb{N}$ 满足

$$\forall i \leqslant n.\, \forall x_0, \cdots, x_n \in \mathbb{N}.\, \pi_i(J_n(x_0, \cdots, x_n)) = x_i,$$

则称 J_n 为多元配对函数,$\{J_n, \pi_0, \cdots, \pi_n\}$ 为多元配对函数组.

通常将 $J_n(x_0, \cdots, x_n)$ 简记为 $[x_0, \cdots, x_n]$,将 $\pi_i(z)$ 简记为 $(z)_i$.

引理 1.8   设 $n \in \mathbb{N}$,令

$$J_n(x_0, \cdots, x_n) = \langle x_0, \cdots, x_n \rangle,$$
$$\pi_i(z) = \mathrm{ep}_i(z), \qquad 0 \leqslant i \leqslant n,$$

其中 $\langle x_0, \cdots, x_n \rangle$ 为定义 1.11 中的 Gödel 编码,则 $\{J_n, \pi_0, \cdots, \pi_n\}$ 为多元配对函数组.

证明   留作习题. □

引理 1.9   设 $\{\mathrm{pg}, K, L\}$ 为任意配对函数组. 对于任意 $n \in \mathbb{N}$,令

$$J_n(x_0, \cdots, x_n) = \mathrm{pg}(\cdots \mathrm{pg}(\mathrm{pg}(x_0, x_1), x_2) \cdots, x_n),$$
$$\pi_0(z) = K^n(z),$$
$$\pi_i(z) = L(K^{n-i}(z)), \qquad 1 \leqslant i \leqslant n,$$

则 $\{J_n, \pi_0, \cdots, \pi_n\}$ 为多元配对函数组.

证明   留作习题.   □

引理 1.10   令
$$J(x,y) = ((x+y)^2 + y)^2 + x,$$
$$K(z) = z - \lfloor \sqrt{z} \rfloor^2 = E(z),$$
$$L(z) = K(\lfloor \sqrt{z} \rfloor) = E(\lfloor \sqrt{z} \rfloor) = \lfloor \sqrt{z} \rfloor - \lfloor \sqrt{\lfloor \sqrt{z} \rfloor} \rfloor^2,$$

其中 $E(x)$ 为例 1.10 中定义的数论函数, 则 $\{J, K, L\}$ 为配对函数组.

证明   (1) 易见
$$((x+y)^2 + y)^2 \leqslant ((x+y)^2 + y)^2 + x < ((x+y)^2 + y + 1)^2,$$

于是
$$(x+y)^2 + y \leqslant \sqrt{((x+y)^2 + y)^2 + x} < (x+y)^2 + y + 1.$$

故
$$\lfloor \sqrt{J(x,y)} \rfloor = \lfloor \sqrt{((x+y)^2 + y)^2 + x} \rfloor = (x+y)^2 + y. \tag{1.1}$$

因此
$$\begin{aligned} K(J(x,y)) &= J(x,y) - \lfloor \sqrt{J(x,y)} \rfloor^2 && \text{根据 } K \text{ 的定义} \\ &= J(x,y) - ((x+y)^2 + y)^2 && \text{根据式(1.1)} \\ &= (((x+y)^2 + y)^2 + x) - ((x+y)^2 + y)^2 && \text{根据 } J \text{ 的定义} \\ &= x. \end{aligned}$$

(2) 易见
$$(x+y)^2 \leqslant (x+y)^2 + y < (x+y+1)^2,$$

于是
$$x + y \leqslant \sqrt{(x+y)^2 + y} < x + y + 1.$$

故
$$\lfloor \sqrt{(x+y)^2 + y} \rfloor = x + y. \tag{1.2}$$

因此

$$\begin{aligned}
L(J(x,y)) &= K(\lfloor \sqrt{J(x,y)} \rfloor) & &\text{根据 } L \text{ 的定义} \\
&= K((x+y)^2 + y) & &\text{根据式(1.1)} \\
&= ((x+y)^2 + y) - \lfloor \sqrt{(x+y)^2 + y} \rfloor^2 & &\text{根据 } K \text{ 的定义} \\
&= ((x+y)^2 + y) - (x+y)^2 & &\text{根据式(1.2)} \\
&= y.
\end{aligned}$$

$\square$

注意, 引理 1.10 中定义的配对函数组 $\{J, K, L\}$ 不是一一对应的.

定义 1.14 (Gödel β-函数) 对任何 $x, i \in \mathbb{N}$, 令

$$\beta(x, i) = \mathrm{rs}(K(x), 1 + (i+1)L(x)),$$

其中

$$K(x) = x - \lfloor \sqrt{x} \rfloor^2,$$
$$L(x) = K(\lfloor \sqrt{x} \rfloor),$$

$\mathrm{rs}(x, y)$ 为例 1.7 中定义的求余函数.

定理 1.11 对任何自然数的有穷序列 $y_0, \cdots, y_{n-1} \in \mathbb{N}$, 存在 $x \in \mathbb{N}$ 使得

$$\forall i < n.\, \beta(x, i) = y_i.$$

证明 设 $y_0, \cdots, y_{n-1} \in \mathbb{N}$, 令 $S = \max\{y_0, \cdots, y_{n-1}, n\}$. 对于每个 $i < n$, 令

$$m_i = 1 + (i+1) \times S!,$$

其中 $S!$ 表示 S 的阶乘.

首先我们将证明, 对于任意的 $i < j < n$, $\gcd(m_i, m_j) = 1$.

反设有素数 P 满足 $P \mid m_i$ 且 $P \mid m_j$, 则 $P \mid (m_j - m_i)$. 而 $m_j - m_i = (j-i) \times S!$, 从而 $P \mid (j-i) \times S!$. 又因为 $P \mid m_i$, 即 $P \mid (1 + (i+1) \times S!)$, 从而 $P \nmid S!$. 而因为 $j - i < S$, 故与 $P \mid (j-i) \times S!$ 矛盾.

因此对于任意的 $i < j < n$, $\gcd(m_i, m_j) = 1$ 成立.

对于同余方程组

$$v \equiv y_i \pmod{m_i}, \qquad i = 0, 1, \cdots, n-1,$$

由孙子定理知其有解, 设解为 v.

取 $x = J(v, S!)$, 其中 $J(x,y)$ 为引理 1.10 中定义的配对函数, 则

$$K(x) = v,$$
$$L(x) = S!.$$

若 $i < n$, 则
$$\beta(x, i) = \mathrm{rs}(K(x), 1 + (i+1)L(x))$$
$$= \mathrm{rs}(v, 1 + (i+1) \times S!)$$
$$= \mathrm{rs}(v, m_i)$$
$$= y_i. \qquad \square$$

在以上定理的证明中, 需要一些数论知识. 在下面也将引用一些数论中的定理, 相关内容请参见 [Har79].

§1.3 初 等 函 数

初等函数是由 Kalmár 教授提出的一个重要的函数类.

定义 1.15 (初等函数)　初等函数 (elementary function) 类 $\mathcal{EF}$ 是满足下列条件的最小集:

(1) $\mathcal{IF} \subseteq \mathcal{EF}$, 这里 $\mathcal{IF}$ 为定义 1.2 中的本原函数集合;

(2) $x + y, x \dotdiv y, x \times y, \lfloor x/y \rfloor \in \mathcal{EF}$;

(3) $\mathcal{EF}$ 对于复合、有界迭加算子 $\Sigma[\,\cdot\,]$ 和有界迭乘算子 $\Pi[\,\cdot\,]$ 封闭.

引理 1.12　在 $\mathcal{EF}$ 的定义 1.15 中, 函数 $x + y, x \times y, \lfloor x/y \rfloor$ 可省.

证明　(1) 因为 $x \times y = \sum_{i=0}^{x} [y] \dotdiv y$, 所以令 $g : \mathbb{N}^2 \to \mathbb{N}$ 定义为

$$g(x, y) = \sum_{i=0}^{x} \left[P_2^2(i, y) \right],$$

则 $\times : \mathbb{N}^2 \to \mathbb{N}$ 可定义为

$$\times = \mathrm{Comp}_2^2[\dotdiv, g, P_2^2];$$

(2) 因为 $x+y=S(x)\times S(y)\dotdiv S(x\times y)$，所以 $+:\mathbb{N}^2\to\mathbb{N}$ 可定义为
$$+=\mathrm{Comp}_2^2[\dotdiv,\mathrm{Comp}_2^2[\times,S\circ P_1^2,S\circ P_2^2],S\circ\times];$$

(3) 因为 $N(x)=\prod_{i=0}^{x}[i\dotdiv 1]$，令 $g:\mathbb{N}\to\mathbb{N}$ 定义为
$$g=\mathrm{Comp}_2^1[\dotdiv,P_1^1,S\circ Z],$$
则 $N:\mathbb{N}\to\mathbb{N}$ 可定义为
$$N(x)=\prod_{i=0}^{x}[g(i)];$$

(4) 因为 $N^2(x)=N(N(x))$，所以 $N^2:\mathbb{N}\to\mathbb{N}$ 可定义为
$$N^2=N\circ N;$$

(5) 注意到 $x\dotdiv y=(x\dotdiv y)\times N^2(((y\dotdiv x)+x)\dotdiv y)$，令 $g:\mathbb{N}^2\to\mathbb{N}$ 定义为
$$g=\mathrm{Comp}_2^2[\dotdiv,\mathrm{Comp}_2^2[+,\mathrm{Comp}_2^2[\dotdiv,P_2^2,P_1^2],P_1^2],P_2^2],$$
从而
$$g(x,y)=((y\dotdiv x)+x)\dotdiv y.$$
因此 $\dotdiv:\mathbb{N}^2\to\mathbb{N}$ 可定义为
$$\dotdiv=\mathrm{Comp}_2^2[\times,\dotdiv,N^2\circ g];$$

(6) 注意到 $\lfloor x/y\rfloor=N^2(y)\times\sum_{i=0}^{x}[N(y\times(i+1)\dotdiv x)]$，令 $g_0:\mathbb{N}^3\to\mathbb{N}$ 定义为
$$g_0=\mathrm{Comp}_1^3[N,\mathrm{Comp}_2^3[\dotdiv,\mathrm{Comp}_2^3[\times,P_3^3,\mathrm{Comp}_1^3[S,P_1^3]],P_2^3]],$$
从而
$$g_0(i,x,y)=N(y\times(i+1)\dotdiv x);$$
令 $g_1:\mathbb{N}^3\to\mathbb{N}$ 定义为
$$g_1(n,x,y)=\sum_{i=0}^{n}[g_0(i,x,y)],$$
从而
$$g_1(x,x,y)=\sum_{i=0}^{x}[N(y\times(i+1)\dotdiv x)];$$

令 $g_2 : \mathbb{N}^2 \to \mathbb{N}$ 定义为
$$g_2 = \text{Comp}_3^2[g_1, P_1^2, P_1^2, P_2^2],$$
从而
$$g_2(x, y) = g_1(x, x, y) = \sum_{i=0}^{x} [N(y \times (i+1) \dot{-} x)];$$
令 $g_3 : \mathbb{N}^2 \to \mathbb{N}$ 定义为
$$g_3 = \text{Comp}_1^2[N^2, P_2^2],$$
从而
$$g_3(x, y) = N^2(y).$$
因此 $\lfloor \cdot / \cdot \rfloor : \mathbb{N}^2 \to \mathbb{N}$ 可定义为
$$\lfloor \cdot / \cdot \rfloor = \text{Comp}_2^2[\times, g_3, g_2]. \qquad \square$$

与定理 1.2 类似,关于 $\mathcal{EF}$ 有以下定理.

定理 1.13 设 f 为数论函数,$f \in \mathcal{EF}$ 当且仅当存在数论函数序列 $f_0, \cdots, f_n$,使得 $f = f_n$,且对于 $0 \leqslant i \leqslant n, f_i$ 满足下述条件之一:

(1) $f_i \in \mathcal{IF} \cup \{f : f(x, y) = x \dot{-} y\}$;或

(2) 存在 $k, m > 0$ 及 $i_0, i_1, \cdots, i_k < i$ (注意,允许某个 $i_u = i_v$),使得 $f_{i_0} : \mathbb{N}^k \to \mathbb{N}, f_{i_1}, \cdots, f_{i_k} : \mathbb{N}^m \to \mathbb{N}$,且
$$f_i = \text{Comp}_k^m[f_{i_0}, f_{i_1}, \cdots, f_{i_k}],$$
即 f_i 由其前 $k+1$ 个函数 $f_{i_0}, f_{i_1}, \cdots, f_{i_k}$ 复合而来;或

(3) 存在 $j < i$ 及 $m \in \mathbb{N}$,使得 $f_j : \mathbb{N}^{m+1} \to \mathbb{N}$ 且
$$f_i(t, \vec{x}) = \sum_{k=0}^{t} [f_j(k, \vec{x})],$$
即 f_i 由其前某个函数 f_j 通过 $\Sigma[\,\cdot\,]$ 算子而来;或

(4) 存在 $j < i$ 及 $m \in \mathbb{N}$,使得 $f_j : \mathbb{N}^{m+1} \to \mathbb{N}$ 且
$$f_i(t, \vec{x}) = \prod_{k=0}^{t} [f_j(k, \vec{x})],$$
即 f_i 由其前某个函数 f_j 通过 $\Pi[\,\cdot\,]$ 算子而来.

函数序列 $f_0, \cdots, f_n$ 被称为初等函数 f 的构造过程. 注意,f 的构造过程可能不唯一. 设 f 的最短构造过程为 $f_0, \cdots, f_n$,则 n 被称为 f 的构造长度.

根据定理 1.13, 要证明 $f \in \mathcal{EF}$, 只需给出 f 的构造过程. 以后我们说对初等函数 f 的结构作归纳证明, 就是指对初等函数 f 的构造长度作归纳证明, 这是自然数上的归纳法.

引理 1.14 $\mathcal{EF}$ 对于有界 μ–算子是封闭的.

证明 下面用闭区间 $[0, n]$ 表示集合 $\{0, 1, 2, \cdots, n\}$. 易见

$$\prod_{i=0}^{n} \left[N^2(f(i, \vec{y})) \right] = \begin{cases} 0, & \text{若 } f(x, \vec{y}) \text{ 在 } [0, n] \text{ 中对 } x \text{ 有零点}, \\ 1, & \text{否则}. \end{cases}$$

因此

$$\sum_{i=0}^{n} \left[\prod_{j=0}^{i} \left[N^2(f(j, \vec{y})) \right] \right] = \begin{cases} \mu x \leqslant n. \, [f(x, \vec{y})], & \text{若} f(x, \vec{y}) \text{在} [0, n] \text{中对} x \text{有零点}, \\ n+1, & \text{否则}. \end{cases}$$

从而

$$\mu x \leqslant n. \, [f(x, \vec{y})] = \sum_{i=0}^{n} \left[\prod_{j=0}^{i} \left[N^2(f(j, \vec{y})) \right] \right] \dotdiv \prod_{i=0}^{n} \left[N^2(f(i, \vec{y})) \right].$$

若 $f \in \mathcal{EF}$, 则由上式知 $g(n) = \mu x \leqslant n. \, [f(x, \vec{y})] \in \mathcal{EF}$. 故 $\mathcal{EF}$ 对有界 μ–算子封闭. □

与引理 1.14 的证明同理, 可证引理 1.15.

引理 1.15 $\mathcal{EF}$ 对于有界 $\max$–算子是封闭的.

证明 留作习题. □

下面我们描述初等数论谓词、初等数论集合的定义以及性质. 使用有界初等数论谓词可以简化对于初等数论函数的证明过程.

定义 1.16 (数论谓词的特征函数) 设 P 为 n 元数论谓词, 其特征函数 $\chi_P : \mathbb{N}^n \to \{0, 1\}$, 定义如下:

$$\chi_P(\vec{x}) = \begin{cases} 0, & \text{若 } P(\vec{x}) \text{ 真}, \\ 1, & \text{若 } P(\vec{x}) \text{ 假}. \end{cases}$$

定义 1.17 (初等数论谓词) 若 n 元数论谓词 P 的特征函数 $\chi_P \in \mathcal{EF}$, 则称 P 是初等的.

引理 1.16 下述二元数论谓词是初等数论谓词:

(1) $\mathrm{eq}(x,y) \equiv x = y$;
(2) $\mathrm{neq}(x,y) \equiv x \neq y$;
(3) $\mathrm{lt}(x,y) \equiv x < y$;
(4) $\mathrm{leq}(x,y) \equiv x \leqslant y$;
(5) $\mathrm{gt}(x,y) \equiv x > y$;
(6) $\mathrm{geq}(x,y) \equiv x \geqslant y$;

证明 留作习题. □

引理 1.17 若 n 元数论函数 $f, g : \mathbb{N}^n \to \mathbb{N}$ 是初等数论函数, 则下述 n 元数论谓词是初等数论谓词:

(1) $\mathrm{eq}_{f,g}(\vec{x}) \equiv f(\vec{x}) = g(\vec{x})$;
(2) $\mathrm{neq}_{f,g}(\vec{x}) \equiv f(\vec{x}) \neq g(\vec{x})$;
(3) $\mathrm{lt}_{f,g}(\vec{x}) \equiv f(\vec{x}) < g(\vec{x})$;
(4) $\mathrm{leq}_{f,g}(\vec{x}) \equiv f(\vec{x}) \leqslant g(\vec{x})$;
(5) $\mathrm{gt}_{f,g}(\vec{x}) \equiv f(\vec{x}) > g(\vec{x})$;
(6) $\mathrm{geq}_{f,g}(\vec{x}) \equiv f(\vec{x}) \geqslant g(\vec{x})$.

证明 留作习题. □

引理 1.18 初等数论谓词对于 $\neg, \wedge, \vee, \to, \forall x \leqslant n.[\,\cdot\,], \exists y \leqslant n.[\,\cdot\,]$ 封闭.

证明 留作习题. □

定义 1.18 (有界 μ–谓词) 设 $P(x, \vec{y})$ 为 $k+1$ 元数论谓词, 其有界 μ–谓词为 k 元数论函数, 定义为

$$\mu x \leqslant n.\,[P(x,\vec{y})] \equiv \mu x \leqslant n.\,[\chi_P(x,\vec{y})].$$

引理 1.19 若 $P(x,\vec{y})$ 为初等数论谓词, 则 $\mu x \leqslant n.\,[P(x,\vec{y})]$ 为初等数论函数.

证明 由定义 1.18 以及引理 1.14 直接可得. □

定义 1.19 (有界 $\max$ – 谓词) 设 $P(x,\vec{y})$ 为 $k+1$ 元数论谓词, 其有界 $\max$ – 谓词为 k 元数论函数, 定义为

$$\max x \leqslant n. \left[P(x, \vec{y})\right] \equiv \max x \leqslant n. \left[\chi_P(x, \vec{y})\right].$$

引理 1.20 若 $P(x, \vec{y})$ 为初等数论谓词, 则 $\max x \leqslant n. [P(x, \vec{y})]$ 为初等数论函数.

证明 由定义 1.19 以及引理 1.15 直接可得. □

根据引理 1.16—1.20, 要证明某个函数是初等函数, 只需将该函数写成关于某个谓词 P 的有界 $\mu-$谓词或有界 $\max-$谓词, 其中谓词 P 由初等函数、比较运算符和逻辑谓词构成. 这种途径有时比直接构造初等函数更加方便.

和初等谓词类似, 可以定义出初等集合.

定义 1.20 (数论集合的特征函数) 设 $S \subseteq \mathbb{N}^n$ 为 n 元数论集合, 其特征函数 $\chi_S : \mathbb{N}^n \to \{0, 1\}$, 定义为

$$\chi_S(\vec{x}) = \begin{cases} 0, & \text{若 } \vec{x} \in S, \\ 1, & \text{若 } \vec{x} \notin S. \end{cases}$$

定义 1.21 (初等数论集合) 若数论集合 $S \subseteq \mathbb{N}^k$ 的特征函数 $\chi_S \in \mathcal{EF}$, 则称 S 是初等的.

引理 1.21 若 n 元数论谓词 $P(\vec{x})$ 是初等数论谓词, 则下述数论集合也是初等数论集合:

$$T_P \equiv \{\vec{x} : P(\vec{x})\}.$$

证明 由定义 1.17 和定义 1.21 直接可得. □

引理 1.22 初等数论集合对于 $\cap, \cup, -$ 封闭.

证明 留作习题. □

下面给出一些重要的初等函数.

命题 1.23 数论函数 x^y 是初等数论函数.

证明 $x^y = \left\lfloor \dfrac{\prod_{i=0}^{y} [x]}{x} \right\rfloor + N(x) \times N(y).$ □

命题 1.24　数论函数 $\lfloor \sqrt[y]{x} \rfloor$ 是初等数论函数.

证明

证法 1: $\lfloor \sqrt[y]{x} \rfloor = \sum_{i=0}^{x} [N(i^y \dotdiv x)] \dotdiv 1.$

证法 2: $\lfloor \sqrt[y]{x} \rfloor = \max z \leqslant x. [z^y \leqslant x].$ □

命题 1.25　例 1.7 中的数论函数

$$\mathrm{rs}(x, y) = x \dotdiv \left(y \times \left\lfloor \frac{x}{y} \right\rfloor \right)$$

是初等数论函数.

证明　根据 $\mathrm{rs}(x,y)$ 定义直接得证. □

命题 1.26　令数论函数 $\tau(x)$ 表示 x 的因子的数目, 则 $\tau(x)$ 是初等数论函数.

证明

$$\tau(x) = \text{函数 } \mathrm{rs}(x, t) \text{ 对于 } t \text{ 在 } [1, x] \text{ 中零点的数目}$$
$$= \sum_{t=0}^{x} [N(\mathrm{rs}(x, t))]$$

注意, $\tau(0) = 1, \tau(1) = 1, \tau(2) = 2$. □

命题 1.27　令谓词 $\mathrm{prime}(x)$ 用于判定 x 是否为素数, 即

$$\mathrm{prime}(x) \equiv x \text{ 为素数},$$

谓词 $\mathrm{prime}(x)$ 是初等数论谓词.

证明　谓词 $\mathrm{prime}(x)$ 的特征函数为

$$\chi_{\mathrm{prime}}(x) = N^2(\tau(x) \dotdiv 2).$$

显然该特征函数是初等数论函数, 所以该谓词是初等数论谓词. □

命题 1.28　定义函数 $\pi(x)$ 为不超过 x 的素数个数 [①], 则 π 是初等数论函数.

证明　$\pi(x) = \sum_{i=0}^{x} \left[N(\chi_{\mathrm{prime}}(i)) \right].$ □

---

① 根据素数定理, $\pi(x) \sim x/\ln(x)$, 这里 x 为实数.

命题 1.29 例 1.15 中的素数枚举函数
$$P(n) = 第\ n\ 个素数$$
是初等数论函数.

证明 用数学归纳法易证 $P_n \leqslant 2^{2^n}$. 事实上, 对于 $n \geqslant 2$ 有 $P_n \leqslant Cn\ln n$, 这里 C 为某个常数. 因此
$$P_n = \mu\, x \leqslant 2^{2^n}.\ [\pi(x) \stackrel{.}{=} S(n)].\qquad\Box$$

命题 1.30 定义 1.17 中的数论函数 $\mathrm{ep}(n,x) = x$ 的素因子分解式中 P_n 的指数是初等数论函数.

证明 $\mathrm{ep}_n(x) = \max t \leqslant x.\ [\mathrm{rs}(x, P_n^t)].\qquad\Box$

定理 1.31 设 $f : \mathbb{N} \to \mathbb{N} \in \mathcal{EF}$, $g : \mathbb{N}^3 \to \mathbb{N} \in \mathcal{EF}$. 设 $h : \mathbb{N}^2 \to \mathbb{N}$ 由以下递归式定义:
$$h(x, 0) = f(x),$$
$$h(x, y+1) = g(x, y, h(x, y)).$$
若存在 $b : \mathbb{N}^2 \to \mathbb{N} \in \mathcal{EF}$ 使得 $\forall x, y \in \mathbb{N}.\ h(x,y) \leqslant b(x,y)$, 则 $h(x,y) \in \mathcal{EF}$.

证明 令
$$H(x, y) = \langle h(x,0), h(x,1), \cdots, h(x,y) \rangle,$$
$$B(x, y) = \langle b(x,0), b(x,1), \cdots, b(x,y) \rangle.$$
显然 $H(x, y) \leqslant B(x, y)$.

根据 Gödel 编码的定义 1.11,
$$B(x, y) = \prod_{i=0}^{y} \left[P_i^{b(x,i)} \right].$$
显然 $B(x, y) \in \mathcal{EF}$.

因为
$$\mathrm{ep}_0(H(x, y)) = h(x, 0)$$
$$= f(x),$$
且 $\forall 0 \leqslant i < y$, 有

$$\mathrm{ep}_{i+1}(H(x,y)) = h(x, i+1)$$
$$= g(x, i, h(x, i))$$
$$= g(x, i, \mathrm{ep}_i(H(x,y))),$$

所以
$$H(x,y) = \mu z \leqslant B(x,y). \bigl[\mathrm{ep}_0(z) = f(x) \wedge \forall i < y. \mathrm{ep}_{i+1}(z) = g(x, i, \mathrm{ep}_i(z))\bigr],$$
根据引理 1.17—1.19 可知, $H(x,y) \in \mathcal{EF}$.

因为 $h(x,y) = \mathrm{ep}_y(H(x,y))$, 所以 $h(x,y) \in \mathcal{EF}$. □

推论 1.32 设 $A : \mathbb{N} \to \mathbb{N}, B : \mathbb{N}^3 \to \mathbb{N}$, 且 $f : \mathbb{N}^3 \to \mathbb{N}$ 由以下递归式定义:
$$f(n, u, 0) = A(u),$$
$$f(n, u, x+1) = B(u, \min(n, x), \min(n, f(n, u, x))).$$
若 $A, B \in \mathcal{EF}$, 则 $f \in \mathcal{EF}$.

定义 1.22 定义函数 $G : \mathbb{N}^2 \to \mathbb{N}$ 如下:
$$G(0, x) = x, G(k, x) = \underbrace{2^{2^{\cdot^{\cdot^{\cdot^{2^x}}}}}}_{k \text{ 个 } 2}.$$

引理 1.33 定义 1.22 中的函数 G 具有以下性质:
(1) $G(k, x)$ 对 k 和 x 皆严格递增;
(2) $(x+1)G(k, x) < G(k+2, x)$;
(3) $(G(k, x))^{x+1} < G(k+3, x)$.

证明 留作习题. □

定理 1.34 设 $n \in \mathbb{N}^+$, 若 $f : \mathbb{N}^n \to \mathbb{N} \in \mathcal{EF}$, 则
$$\exists k \in \mathbb{N}. \forall \vec{x} \in \mathbb{N}^n. f(\vec{x}) \leqslant G(k, \max\{\vec{x}\}).$$
其中 $G(k, x)$ 为定义 1.22 中所定义的函数.

证明 对 f 的结构作归纳证明.

情况 1. 若 $f \in \mathcal{IF} \cup \{f : f(x, y) = x \mathbin{\dot{-}} y\}$, 则
(1) $Z(x) = 0 \leqslant 2^x = G(1, \max\{x\})$;
(2) $S(x) = x + 1 \leqslant 2^x = G(1, \max\{x\})$;
(3) $P_i^n(\vec{x}) = x_i \leqslant \max\{\vec{x}\} \leqslant 2^{\max\{\vec{x}\}} = G(1, \max\{\vec{x}\})$;
(4) $x \mathbin{\dot{-}} y = |x - y| \leqslant \max\{x, y\} \leqslant 2^{\max\{x, y\}} = G(1, \max\{x, y\})$.

§1.3 初等函数

情况 2. 若 $f(\vec{x}, y) = \sum_{i=0}^{y} [A(\vec{x}, i)]$,其中 $A \in \mathcal{EF}$. 根据归纳假设,

$$\exists h. \forall \vec{x}, i.\, A(\vec{x}, i) \leqslant G(h, \max\{\vec{x}, i\}). \tag{1.3}$$

从而

$$\begin{aligned}
f(\vec{x}, y) &= \sum_{i=0}^{y} [A(\vec{x}, i)] \\
&\leqslant \sum_{i=0}^{y} [G(h, \max\{\vec{x}, i\})] &&\text{根据式 (1.3)} \\
&\leqslant \sum_{i=0}^{y} [G(h, \max\{\vec{x}, y\})] &&\text{引理 1.33(1)} \\
&= (y+1)\, G(h, \max\{\vec{x}, y\}) \\
&\leqslant (\max\{\vec{x}, y\} + 1) G(h, \max\{\vec{x}, y\}) \\
&< G(h+2, \max\{\vec{x}, y\}). &&\text{引理 1.33(2)}
\end{aligned}$$

情况 3. 若 $f(\vec{x}, y) = \prod_{i=0}^{y} [A(\vec{x}, i)]$,其中 $A \in \mathcal{EF}$. 根据归纳假设,

$$\exists h. \forall \vec{x}, i.\, A(\vec{x}, i) \leqslant G(h, \max\{\vec{x}, i\}). \tag{1.4}$$

从而

$$\begin{aligned}
f(\vec{x}, y) &= \prod_{i=0}^{y} [A(\vec{x}, i)] \\
&\leqslant \prod_{i=0}^{y} [G(h, \max\{\vec{x}, i\})] &&\text{根据式 (1.4)} \\
&\leqslant \prod_{i=0}^{y} [G(h, \max\{\vec{x}, y\})] &&\text{引理 1.33(1)} \\
&= (G(h, \max\{\vec{x}, y\}))^{y+1} \\
&\leqslant (G(h, \max\{\vec{x}, y\}))^{\max\{\vec{x}, y\}+1} \\
&< G(h+3, \max\{\vec{x}, y\}). &&\text{引理 1.33(3)}
\end{aligned}$$

情况 4. 若 $f(\vec{x}) = A(B_1(\vec{x}), \cdots, B_n(\vec{x}))$,其中 $A, B_1, \cdots, B_n \in \mathcal{EF}$. 根据归纳假设,存在 $h_0, h_1, \cdots, h_n$,使得对于任意的 $\vec{y}, \vec{x}$,有

$$A(\vec{y}) \leqslant G(h_0, \max\{\vec{y}\}), \tag{1.5}$$

$$B_i(\vec{x}) \leqslant G(h_i, \max\{\vec{x}\}), \qquad i = 1, 2, \cdots, n. \tag{1.6}$$

注意到 $G(k,x)$ 对 k 和 x 皆严格递增, 从而

$$\begin{aligned}
f(\vec{x}) &= A(B_1(\vec{x}), \cdots, B_n(\vec{x})) \\
&\leqslant G(h_0, \max\{B_1(\vec{x}), \cdots, B_n(\vec{x})\}) & \text{根据式(1.5)} \\
&\leqslant G(h_0, \max\{G(h_1, \max\{\vec{x}\}), \cdots, G(h_n, \max\{\vec{x}\})\}) & \text{根据式(1.6)} \\
&= G(h_0, G(\max\{h_1, \cdots, h_n\}, \max\{\vec{x}\})) & \text{引理 1.33(1)} \\
&= G(h_0 + \max\{h_1, \cdots, h_n\}, \max\{\vec{x}\}). & \text{定义 1.22}
\end{aligned}$$

$\square$

定义 1.23 (控制函数)　设 Δ 为数论函数集合, $g: \mathbb{N}^2 \to \mathbb{N}$ 为数论函数, 若对于任意数论函数 $f \in \Delta$, 都存在 $h \in \mathbb{N}$ (h 仅和 f 有关), 使得

$$\forall \vec{x}. f(\vec{x}) < g(h, \max\{\vec{x}\}),$$

则称数论函数 g 为数论函数集合 Δ 的控制函数.

推论 1.35　定义 1.22 中所定义的函数 G 为 $\mathcal{EF}$ 的控制函数.

证明　根据定理 1.34, 对于任意的 $f: \mathbb{N}^n \to \mathbb{N} \in \mathcal{EF}$, 存在 $k \in \mathbb{N}$ 使得

$$\forall \vec{x} \in \mathbb{N}^n. f(\vec{x}) \leqslant G(k, \max\{\vec{x}\}),$$

因此根据引理 1.33(1) 有

$$\forall \vec{x} \in \mathbb{N}^n. f(\vec{x}) < G(k+1, \max\{\vec{x}\}),$$

取 $h = k+1$ 即可.　$\square$

定理 1.36　若 $g(h,x)$ 为函数集合 Δ 的控制函数, 则 $g \notin \Delta$.

证明　反设 $g \in \Delta$, 从而有 $k \in \mathbb{N}$ 使得

$$\forall h, x \in \mathbb{N}. g(h,x) < g(k, \max(h,x)),$$

取 $h = x = k$, 得 $g(k,k) < g(k,k)$, 矛盾.　$\square$

推论 1.37　$G \notin \mathcal{EF}$, 其中 G 为定义 1.22 中所定义的函数.

$\mathcal{EF}$ 其实很大, 数论教材如 [Har79] 中的函数几乎皆属于此集.

§1.4 原始递归函数

定义 1.24 (1) 设 $n \in \mathbb{N}^+$, $f : \mathbb{N}^n \to \mathbb{N}$, $g : \mathbb{N}^{n+2} \to \mathbb{N}$, 定义函数 $h : \mathbb{N}^{n+1} \to \mathbb{N}$ 如下:
$$h(\vec{x}, 0) = f(\vec{x}),$$
$$h(\vec{x}, y+1) = g(\vec{x}, y, h(\vec{x}, y)).$$

这时称 h 由 f 和 g 经带参原始递归算子 $\mathrm{Prim}^n\left[\cdot,\cdot\right]$ 而得, 记作
$$h = \mathrm{Prim}^n\left[f, g\right].$$

(2) 设 $a \in \mathbb{N}$, $g : \mathbb{N}^2 \to \mathbb{N}$, 定义函数 $h : \mathbb{N} \to \mathbb{N}$ 如下:
$$h(0) = a,$$
$$h(y+1) = g(y, h(y)).$$

这时称 h 由 g 经无参原始递归算子 $\mathrm{Prim}^0\left[\cdot,\cdot\right]$ 而得, 记作
$$h = \mathrm{Prim}^0\left[a, g\right].$$

定义 1.25 原始递归函数 (primitive recursive functions) 类 $\mathcal{PRF}$ 是满足以下条件的最小集合:
(1) $\mathcal{IF} \subseteq \mathcal{PRF}$, 这里 $\mathcal{IF}$ 为定义 1.2 中的本原函数集合;
(2) $\mathcal{PRF}$ 对于复合、带参原始递归算子和无参原始递归算子封闭.

和定理 1.2 及定理 1.13 类似, 关于 $\mathcal{PRF}$ 有以下定理.

定理 1.38 设 f 为数论函数, $f \in \mathcal{PRF}$ 当且仅当存在数论函数序列 $f_0, \cdots, f_n$, 使得 $f = f_n$, 且对于 $0 \leqslant i \leqslant n$, f_i 满足下述条件之一:
(1) $f_i \in \mathcal{IF}$; 或
(2) 存在 $k, m > 0$ 及 $i_0, i_1, \cdots, i_k < i$ (注意, 允许某个 $i_u = i_v$), 使得 $f_{i_0} : \mathbb{N}^k \to \mathbb{N}$, $f_{i_1}, \cdots, f_{i_k} : \mathbb{N}^m \to \mathbb{N}$, 且
$$f_i = \mathrm{Comp}_k^m[f_{i_0}, f_{i_1}, \cdots, f_{i_k}],$$
即 f_i 由其前 $k+1$ 个函数 $f_{i_0}, f_{i_1}, \cdots, f_{i_k}$ 复合而来; 或
(3) 存在 $k, l < i$ 及 $m > 0$, 使得 $f_k : \mathbb{N}^m \to \mathbb{N}$, $f_l : \mathbb{N}^{m+2} \to \mathbb{N}$, 且
$$f_i = \mathrm{Prim}^m\left[f_k, f_l\right],$$
即 f_i 由其前某两个函数 f_k 和 f_l 通过带参原始递归算子而来; 或

(4) 存在 $k < i$ 及 $a \in \mathbb{N}$, 使得 $f_k : \mathbb{N}^2 \to \mathbb{N}$, 且
$$f_i = \mathrm{Prim}^0 [a, f_k],$$
即 f_i 由其前某个函数 f_k 通过无参原始递归算子而来.

函数序列 $f_0, \cdots, f_n$ 被称为原始递归函数 f 的构造过程. 注意, f 的构造过程可能不唯一. 设 f 的最短构造过程为 $f_0, \cdots, f_n$, 则 n 被称为 f 的构造长度.

根据定理 1.38, 要证明 $f \in \mathcal{PRF}$, 只需给出 f 的构造过程. 以后我们说对原始递归函数 f 的结构作归纳证明, 就是指对原始递归函数 f 的构造长度作归纳证明, 这是自然数上的归纳法.

引理 1.39 以下函数都是原始递归函数:

(1) $\mathrm{add}(x, y) = x + y$;

(2) $\mathrm{pred}(x) = \begin{cases} 0, & \text{若} x = 0, \\ x - 1, & \text{若} x > 0; \end{cases}$

(3) $\mathrm{sub}(x, y) \equiv x \dotminus y = \begin{cases} 0, & \text{若} x \leqslant y, \\ x - y, & \text{若} x > y; \end{cases}$

(4) $\mathrm{diff}(x, y) \equiv x \ddotminus y = |x - y|$;

(5) $\mathrm{mul}(x, y) = x \times y$;

(6) $\mathrm{sq}(x) = x^2$;

(7) $N(x) = \begin{cases} 0, & \text{若} x \neq 0, \\ 1, & \text{若} x = 0; \end{cases}$

(8) $N^2(x) = \begin{cases} 1, & \text{若} x \neq 0, \\ 0, & \text{若} x = 0; \end{cases}$

(9) $\mathrm{sqrt}(x) = \lfloor \sqrt{x} \rfloor$;

(10) $E(x) = x - \lfloor \sqrt{x} \rfloor^2$.

证明 (1) 因为
$$\begin{aligned} \mathrm{add}(x, 0) &= x \\ &= P_1^1(x), \\ \mathrm{add}(x, y+1) &= (x+y) + 1 \\ &= S(P_3^3(x, y, \mathrm{add}(x, y))), \end{aligned}$$
所以
$$\mathrm{add} = \mathrm{Prim}^1 \left[P_1^1, S \circ P_3^3 \right] \in \mathcal{PRF}.$$

(2) 因为

$$\text{pred}(0) = 0,$$
$$\begin{aligned}\text{pred}(x+1) &= x \\ &= P_1^2(x, \text{pred}(x)),\end{aligned}$$

所以

$$\text{pred} = \text{Prim}^0\left[0, P_1^2\right] \in \mathcal{PRF}.$$

(3) 因为

$$\begin{aligned}\text{sub}(x, 0) &= x \\ &= P_1^1(x), \\ \text{sub}(x, y+1) &= \text{pred}(\text{sub}(x, y)) \\ &= \text{pred}(P_3^3(x, y, \text{sub}(x, y))),\end{aligned}$$

所以

$$\text{sub} = \text{Prim}^1\left[P_1^1, \text{pred} \circ P_3^3\right] \in \mathcal{PRF}.$$

(4) 因为

$$\begin{aligned}\text{diff}(x, y) &= (x \dotdiv y) + (y \dotdiv x) \\ &= \text{add}(\text{sub}(x, y), \text{sub}(y, x)) \\ &= \text{add}(\text{sub}(P_1^2(x, y), P_2^2(x, y))\,\text{sub}(P_2^2(x, y), P_1^2(x, y))),\end{aligned}$$

所以

$$\text{diff} = \text{Comp}_2^2[\text{add}, \text{Comp}_2^2[\text{sub}, P_1^2, P_2^2], \text{Comp}_2^2[\text{sub}, P_2^2, P_1^2]] \in \mathcal{PRF}.$$

(5) 因为

$$\begin{aligned}\text{mul}(x, 0) &= 0 \\ &= Z(x), \\ \text{mul}(x, y+1) &= (x \times y) + x \\ &= g(x, y, \text{mul}(x, y)),\end{aligned}$$

其中

$$\begin{aligned}g(x, y, z) &= P_3^3(x, y, z) + P_1^3(x, y, z) \\ &= \text{add}(P_3^3(x, y, z), P_1^3(x, y, z)),\end{aligned}$$

即
$$g = \mathrm{Comp}_2^3[\mathrm{add}, P_3^3, P_1^3] \in \mathcal{PRF},$$
因此
$$\mathrm{mul} = \mathrm{Prim}^1\,[Z, g] \in \mathcal{PRF}.$$

(6) 因为
$$\mathrm{sq}(x) = x^2$$
$$= x \times x$$
$$= \mathrm{mul}(x, x)$$
$$= \mathrm{mul}(P_1^1(x), P_1^1(x)),$$
所以
$$\mathrm{sq} = \mathrm{Comp}_2^2[\mathrm{mul}, P_1^1, P_1^1] \in \mathcal{PRF}.$$

(7) 因为
$$N(0) = 1,$$
$$N(x+1) = 0$$
$$= Z(P_1^2(x, N(x))),$$
所以
$$N = \mathrm{Prim}^0\,[1, Z \circ P_1^2] \in \mathcal{PRF}.$$

(8) 因为
$$N^2(x) = N(N(x)),$$
所以
$$N^2 = N \circ N \in \mathcal{PRF}.$$

(9) 因为
$$\mathrm{sqrt}(0) = 0,$$
$$\mathrm{sqrt}(x+1) = \begin{cases} \mathrm{sqrt}(x), & \text{若 } x+1 \neq (\lfloor\sqrt{x}\rfloor + 1)^2, \\ \mathrm{sqrt}(x) + 1, & \text{否则}, \end{cases}$$
$$= g(x, \mathrm{sqrt}(x)),$$
其中
$$g(x, y) = yN^2(S(x) \dot- (S(y))^2) + S(y)N(S(x) \dot- (S(y))^2),$$

根据前面的结论易见 $g \in \mathcal{PRF}$，所以

$$\text{sqrt} = \text{Prim}^0\,[0, g] \in \mathcal{PRF}.$$

(10) 因为

$$\begin{aligned}
E(x) &= x - \lfloor\sqrt{x}\rfloor^2 \\
&= x \mathrel{\dot{-}} \lfloor\sqrt{x}\rfloor^2 \\
&= \text{sub}(x, \text{sq}(\text{sqrt}(x))) \\
&= \text{sub}(P_1^1(x), \text{sq}(\text{sqrt}(x))),
\end{aligned}$$

所以

$$E = \text{Comp}_2^1[\text{sub}, P_1^1, \text{sq} \circ \text{sqrt}] \in \mathcal{PRF}.$$

□

引理 1.40 在 $\mathcal{PRF}$ 的定义 1.25 中算子 $\text{Prim}^m\,[\cdot, \cdot]\,(m \geqslant 0)$ 可由算子 $\text{Prim}^0\,[\cdot, \cdot]$ 和 $\text{Prim}^1\,[\cdot, \cdot]$ 替代，以后只需考虑算子 $\text{Prim}^m\,[\cdot, \cdot]\,(m \leqslant 1)$.

证明 由引理 1.39 知，由本原函数和 $\text{Prim}^0\,[\cdot, \cdot]$, $\text{Prim}^1\,[\cdot, \cdot]$ 可作出下列配对函数组

$$\begin{aligned}
\text{pg}(x, y) &= ((x + y)^2 + y)^2 + x, \\
K(z) &= E(z) = z \mathrel{\dot{-}} \lfloor\sqrt{z}\rfloor^2, \\
L(z) &= E(\lfloor\sqrt{z}\rfloor).
\end{aligned}$$

设 $h = \text{Prim}^2\,[f, g]$，即

$$\begin{aligned}
h(x, y, 0) &= f(x, y), \\
h(x, y, n+1) &= g(x, y, n, h(x, y, n)),
\end{aligned}$$

其中 $f, g \in \mathcal{PRF}$. 下面将证明 h 可由 $\text{Prim}^1\,[\cdot, \cdot]$ 作出.
令

$$H(z, n) = h(K(z), L(z), n).$$

因为

$$H(z,0) = h(K(z), L(z), 0)$$
$$= f(K(z), L(z))$$
$$= F(z),$$
$$H(z, n+1) = h(K(z), L(z), n+1)$$
$$= g(K(z), L(z), n, h(K(z), L(z), n))$$
$$= g(K(z), L(z), n, H(z, n))$$
$$= G(z, n, H(z, n)),$$

其中

$$F(z) = f(K(z), L(z)),$$
$$G(z, n, m) = g(K(z), L(z), n, m).$$

显然 $F, G \in \mathcal{PRF}$, 于是 $H = \text{Prim}^1[F, G]$.

又因为 $h(x, y, n) = H(\text{pg}(x, y), n)$, 所以 h 可由 $\text{Prim}^1[\cdot, \cdot]$ 作出.

对于 $h = \text{Prim}^m[f, g]$ $(m > 2)$ 的情形同理可证. □

定义 1.26 (1) 设 $f: \mathbb{N} \to \mathbb{N}$, f 的原始复迭为函数 $g: \mathbb{N}^2 \to \mathbb{N}$, 其定义如下:

$$g(x, 0) = x,$$
$$g(x, y+1) = f(g(x, y)).$$

此式被称为 f 的原始复迭式, 记作 $g = \text{It}[f]$. 显然, $g(x, n) = f^n(x)$.

(2) 设 $f: \mathbb{N} \to \mathbb{N}$, f 的弱原始复迭式为函数 $g: \mathbb{N} \to \mathbb{N}$, 其定义如下:

$$g(0) = 0,$$
$$g(n+1) = f(g(n)).$$

此式被称为 f 的弱原始复迭式, 记为 $g = \text{Itw}[f]$. 显然, $g(n) = f^n(0)$.

定义 1.27 原始复迭函数类 $\mathcal{ITF}$ 是满足以下条件的最小集合:
(1) $\mathcal{IF} \subseteq \mathcal{ITF}$;
(2) $\mathcal{ITF}$ 对于复合、原始复迭算子 $\text{It}[\,\cdot\,]$、弱原始复迭算子 $\text{Itw}[\,\cdot\,]$ 封闭.

对照定义 1.24 和定义 1.26, 可以得出事实 1.41.

事实 1.41

$$\text{It}[f] = \text{Prim}^1\left[P_1^1, f \circ P_3^3\right],$$
$$\text{Itw}[f] = \text{Prim}^0\left[0, f \circ P_2^2\right].$$

于是直接可得推论 1.42.

推论 1.42 $\mathcal{ITF} \subseteq \mathcal{PRF}$.

下面我们将证明 $\mathcal{ITF} = \mathcal{PRF}$.

引理 1.43 若 $\{J, K, L\}$ 为引理 1.10 中定义的配对函数组, 则 $J, K, L \in \mathcal{ITF}$.

证明 以下我们在 $\mathcal{ITF}$ 中构造出函数 J, K 和 L, 构造过程巧妙, 由 Gladstone 在 1970 年代给出.

(1) $x + y = \text{It}[S](x, y)$;

(2) 对于任意固定常数 k, $kx = \text{Itw}[h](x)$, 这里 $h(y) = y + k \in \mathcal{ITF}$, 从而 $\forall k \in \mathbb{N}, kx \in \mathcal{ITF}$;

(3) $xNy = \text{It}[Z](x, y)$;

(4) $N(y) = 1Ny$; $xN^2 y = xN(N(y))$;

(5) $\text{rs}(x, 2) = \text{Itw}[N](x)$;

(6) 对于任意固定常数 $k \geqslant 2$, $\text{rs}(0, k+1) = 0$,

$$\text{rs}(x+1, k+1) = \begin{cases} \text{rs}(x, k+1) + 1, & \text{若}(k+1) \mid x \text{ 或 } (x \neq 0 \text{ 且 } \text{rs}(x, k+1) \neq k); \\ 0, & \text{否则} \end{cases}$$

故 $\text{rs}(x+1, k+1) = g_k(\text{rs}(x, k+1))$, 这里 $g_k(y) = (y+1)N((N(\text{rs}(y, k)))N^2 y)$, 从而 $\text{rs}(x, k+1) = \text{Itw}[g_k](x)$.

对 k 归纳易得: 对任意固定常数 $k \geqslant 2$, $\text{rs}(x, k) \in \mathcal{ITF}$;

(7) 设常数 $k \geqslant 2$, $H_k(0) = 0$, $H_k(x+1) = S(H_k(x)) + N(\text{rs}(S(S(H_k(x))), k+1))$. 从而 $H_k \in \mathcal{ITF}$. 事实上, $H_k(x) = x + \left\lfloor \frac{x}{k} \right\rfloor, k \geqslant 2$;

(8) 令函数 $W(x)$ 满足 $W(0) = 2$,

$$W(x) = \begin{cases} \left\lfloor \frac{3x}{2} \right\rfloor, & \text{若 } 2 \mid x \text{ 并且 } 5 \mid x; \\ \left\lfloor \frac{2x}{5} \right\rfloor, & \text{若 } 2 \nmid x \text{ 并且 } 5 \mid x; \\ \left\lfloor \frac{2x}{3} \right\rfloor, & \text{若 } 3 \mid x \text{ 并且 } 5 \nmid x; \\ \left\lfloor \frac{15x}{2} \right\rfloor, & \text{若 } 3 \nmid x \text{ 并且 } 5 \nmid x \end{cases}$$

根据函数 $W(x)$ 的定义,可验证:
① $W^{m^2}(0) = 2^m$;
② 若 $x > 0$ 且 x 为非平方数,则 $3 \mid W^x(0)$.

故当 $x > 0$ 时,x 为平方数 $\iff 3 \nmid W^x(0)$. 注意,这时并没有证明 $W \in \mathcal{ITF}$.

(9) 令函数 $P(x) = 23W(x)$,当 $x = 0$ 时,$P(0) = 46$;当 $x > 0$ 时,

$$P(x) = \begin{cases} 33x + H_2(x), & \text{若 } 2 \mid x \text{ 并且 } 5 \mid x; \\ 8x + H_5(x), & \text{若 } 2 \nmid x \text{ 并且 } 5 \mid x; \\ 14x + H_3(x), & \text{若 } 3 \mid x \text{ 并且 } 5 \nmid x; \\ 171x + H_2(x), & \text{若 } 3 \nmid x \text{ 并且 } 5 \nmid x \end{cases}$$

从而 $P \in \mathcal{ITF}$.

(10) 令函数 $q(x) = \text{Itw}[P](x)$,则 $q \in \mathcal{ITF}$. 易见当 $x > 0$ 时,

x 为平方数 $\iff 3 \nmid W^x(0) \iff 3 \nmid P^x(0) \iff 3 \nmid q(x) \iff N^2(\text{rs}(q(x), 3)) = 1$.

(11) 令函数 $l(x)$ 满足 $l(0) = 0$,

$$l(x+1) = \begin{cases} l(x) + 3, & \text{若 } l(x) + 4 \text{ 是平方数}; \\ l(x) + 1, & \text{否则} \end{cases}$$

故 $l(x+1) = B(l(x))$,这里 $B(y) = S(y) + 2 \cdot N^2(\text{rs}(q(y+4), 3)) \in \mathcal{ITF}$,从而 $l(x) \in \mathcal{ITF}$. 事实上 $l(x) = x + 2\lfloor\sqrt{x}\rfloor$;

(12) 令函数 $\text{sq}(x) = x^2$,则 $\text{sq}(0) = 0$, $\text{sq}(x+1) = l(\text{sq}(x)) + 1$. 因此 $\text{sq} \in \mathcal{ITF}$;

(13) 令函数 $J(x, y) = ((x+y)^2 + y)^2 + x$,易见 $J \in \mathcal{ITF}$;

(14) 令函数 $F(u, x)$ 满足 $F(u, 0) = u$,

$$F(u, x+1) = \begin{cases} 0, & \text{若 } F(u, x) \text{ 是奇平方数}; \\ F(u, x) + 2, & \text{否则} \end{cases}$$

因为 $F(u, x)$ 是奇平方数 $\iff \text{rs}(F(u, x), 2) \neq 0$ 且 $\text{rs}(q(F(u, x)), 3) \neq 0$,所以 $F(u, x+1) = C(F(u, x))$,这里 $C(y) = (y+2) \cdot N(\text{rs}(y, 2)N^2\text{rs}(q(y), 3)) \in \mathcal{ITF}$,从而 $F \in \mathcal{ITF}$;

(15) 令函数 pred 满足当 $x = 0$ 时,$\text{pred}(0) = 0$;当 $x > 0$ 时,

$$\text{pred}(x) = F(4x^2 + 3x + 1 + \text{rs}(x, 2), x) + N(\text{rs}(x, 2)),$$

从而 pred $\in \mathcal{ITF}$;

(16) 令函数 $x \dotminus y = \text{It}[\text{pred}](x, y)$, 从而 $x \dotminus y \in \mathcal{ITF}$;

(17) 令函数 $\text{sqrt}(x) = \lfloor \sqrt{x} \rfloor$, 则 $\text{sqrt}(x)$ 满足:

$$\text{sqrt}(x) = \lfloor \sqrt{x} \rfloor = \left\lfloor \frac{(x + 2\lfloor \sqrt{x} \rfloor) \dotminus x}{2} \right\rfloor = \left\lfloor \frac{l(x) \dotminus x}{2} \right\rfloor,$$

从而 $\text{sqrt} \in \mathcal{ITF}$;

(18) 令函数 $E(x) = x \dotminus \lfloor \sqrt{x} \rfloor^2$, 从而 $E \in \mathcal{ITF}$;

(19) 令函数 $K(x) = E(x)$, 从而 $K \in \mathcal{ITF}$;

(20) 令函数 $L(x) = E(\lfloor \sqrt{x} \rfloor)$, 从而 $L \in \mathcal{ITF}$. □

引理 1.44 对于任意 $n \in \mathbb{N}$, 存在函数 $J_n : \mathbb{N}^{n+1} \to \mathbb{N}$ 及 $\pi_0, \cdots, \pi_n : \mathbb{N} \to \mathbb{N}$, 使得 $J_n, \pi_0, \cdots, \pi_n \in \mathcal{ITF}$ 且 $\{J_n, \pi_0, \cdots, \pi_n\}$ 构成多元配对函数组.

证明 利用引理 1.43 中的配对函数组, 按照引理 1.9 构造即可. □

引理 1.45 设 $f : \mathbb{N} \to \mathbb{N}$, $g : \mathbb{N}^3 \to \mathbb{N}$. 若 $f \in \mathcal{ITF}$ 且 $g \in \mathcal{ITF}$, 则 $\text{Prim}^1[f, g] \in \mathcal{ITF}$.

证明 设 $h = \text{Prim}^1[f, g]$, 即

$$h(x, 0) = f(x),$$
$$h(x, y+1) = g(x, y, h(x, y)).$$

根据引理 1.44, $\mathcal{ITF}$ 中存在多元配对函数组 $\{[\cdot, \cdot, \cdot], (\cdot)_0, (\cdot)_1, (\cdot)_2\}$. 令 $H(x, y) = [x, y, h(x, y)]$, 根据多元配对函数的性质有

$$x = (H(x, y))_0,$$
$$y = (H(x, y))_1,$$
$$h(x, y) = (H(x, y))_2.$$

于是

$$H(x, 0) = [x, 0, h(x, 0)]$$
$$= [x, 0, f(x)]$$
$$= F(x),$$

$$H(x, y+1) = [\,x, y+1, h(x, y+1)\,]$$
$$= [\,x, y+1, g(x, y, h(x, y))\,]$$
$$= [\,(H(x,y))_0, (H(x,y))_1 + 1, g((H(x,y))_0, (H(x,y))_1, (H(x,y))_2)\,]$$
$$= G(H(x, y)),$$

其中
$$F(x) = [\,x, 0, f(x)\,],$$
$$G(z) = [\,(z)_0, (z)_1 + 1, g((z)_0, (z)_1, (z)_2)\,].$$

易见 $F, G \in \mathcal{ITF}$. 令 $H' = \text{It}\,[G]$, 即
$$H'(x, 0) = x,$$
$$H'(x, y+1) = G(H'(x, y)).$$

显然 $H' \in \mathcal{ITF}$. 易见 $H(x, y) = H'(F(x), y)$, 因此 $H \in \mathcal{ITF}$.

又因为 $h(x, y) = (H(x, y))_3$, 所以 $h \in \mathcal{ITF}$. □

引理 1.46 设 $a \in \mathbb{N}, g : \mathbb{N}^2 \to \mathbb{N}$. 若 $g \in \mathcal{ITF}$, 则 $\text{Prim}^0\,[a, g] \in \mathcal{ITF}$.

证明 与引理 1.45 的证明同理可证. □

定理 1.47 $\mathcal{ITF} = \mathcal{PRF}$

证明 根据推论 1.42 知 $\mathcal{ITF} \subseteq \mathcal{PRF}$, 故只需证 $\mathcal{PRF} \subseteq \mathcal{ITF}$.

设 $h \in \mathcal{PRF}$, 根据引理 1.40, 下面对 h 的结构作归纳证明 $h \in \mathcal{ITF}$.

若 $h \in \mathcal{IF}$, 因为 $\mathcal{IF} \subseteq \mathcal{ITF}$, 所以 $h \in \mathcal{ITF}$.

若 $h = \text{Comp}_k^m\,[f_0, f_1, \cdots, f_k]$, 其中诸 $f_i \in \mathcal{PRF}$. 根据归纳假设, 诸 $f_i \in \mathcal{ITF}$, 因此 $h \in \mathcal{ITF}$.

若 $h = \text{Prim}^1\,[f, g]$, 其中 $f, g \in \mathcal{PRF}$. 根据归纳假设, $f, g \in \mathcal{ITF}$. 由引理 1.45 知 $h \in \mathcal{ITF}$.

若 $h = \text{Prim}^0\,[a, f]$, 其中 $a \in \mathbb{N}, f \in \mathcal{PRF}$. 根据归纳假设, $f \in \mathcal{ITF}$. 由引理 1.46 知 $h \in \mathcal{ITF}$.

综上所述, 对任意 $h \in \mathcal{PRF}$, 都有 $h \in \mathcal{ITF}$, 因此 $\mathcal{PRF} \subseteq \mathcal{ITF}$. □

一些递归式从形式上异于原始递归, 但可以化归于原始递归.

定理 1.48 (串值递归) 设 $p \in \mathbb{N}^+$, 函数 $a : \mathbb{N} \to \mathbb{N}$, 函数 $b : \mathbb{N}^{p+2} \to \mathbb{N}$, 对于 $i = 1, 2, \cdots, p$, 函数 $\omega_i : \mathbb{N}^2 \to \mathbb{N}$, 且满足
$$\forall u, x \in \mathbb{N}.\,\omega_i(u, x) \leqslant x.$$

定义函数 $f:\mathbb{N}^2\to\mathbb{N}$ 如下：
$$f(u,0)=a(u),$$
$$f(u,x+1)=b(u,x,f(u,x_1),\cdots,f(u,x_p)),$$
其中 $x_i=\omega_i(u,x)\leqslant x$, $i=1,2,\cdots,p$. 若 $a,b,\omega_1,\cdots,\omega_p\in\mathcal{PRF}$, 则 $f\in\mathcal{PRF}$.

证明 令
$$g(u,x)=\langle f(u,0),\cdots,f(u,x)\rangle,$$
其中 $\langle y_1,\cdots,y_n\rangle$ 为 $y_1,\cdots,y_n$ 的 Gödel 编码.

显然 $g(u,0)=\langle f(u,0)\rangle=2^{a(u)}\in\mathcal{PRF}$.

因为
$$\begin{aligned}f(u,x+1)&=b(u,x,f(u,x_1),\cdots,f(u,x_p))\\&=b(u,x,\mathrm{ep}(x_1,g(u,x)),\cdots,\mathrm{ep}(x_p,g(u,x)))\\&=b(u,x,\mathrm{ep}(\omega_1(u,x),g(u,x)),\cdots,\mathrm{ep}(\omega_p(u,x),g(u,x))),\end{aligned}$$

所以
$$\begin{aligned}g(u,x+1)&=\langle f(u,0),\cdots,f(u,x),f(u,x+1)\rangle\\&=g(u,x)\times p_{x+1}^{f(u,x+1)}\\&=g(u,x)\times p_{x+1}^{b(u,x,\mathrm{ep}(\omega_1(u,x),g(u,x)),\cdots,\mathrm{ep}(\omega_p(u,x),g(u,x)))}\\&=B(u,x,g(u,x)).\end{aligned}$$

其中
$$B(u,x,y)=y\times p_{x+1}^{b(u,x,\mathrm{ep}(\omega_1(u,x),y),\cdots,\mathrm{ep}(\omega_p(u,x),y))}.$$

易见 $B\in\mathcal{PRF}$, 因此 $g\in\mathcal{PRF}$. 因为 $f(u,x)=\mathrm{ep}(x,g(u,x))$, 所以 $f\in\mathcal{PRF}$. □

定理 1.49 (联立递归) 设函数 $a_1,a_2:\mathbb{N}\to\mathbb{N}$, 函数 $b_1,b_2:\mathbb{N}^4\to\mathbb{N}$, 定义函数 $f_1,f_2:\mathbb{N}^2\to\mathbb{N}$ 如下：
$$\begin{aligned}f_1(u,0)&=a_1(u),\\f_2(u,0)&=a_2(u),\\f_1(u,x+1)&=b_1(u,x,f_1(u,x),f_2(u,x)),\\f_2(u,x+1)&=b_2(u,x,f_1(u,x),f_2(u,x)).\end{aligned}$$

若 $a_1,a_2,b_1,b_2\in\mathcal{PRF}$, 则 $f_1,f_2\in\mathcal{PRF}$.

证明 令 $f(u,x) = \langle f_1(u,x), f_2(u,x)\rangle$, 则
$$f(u,0) = \langle f_1(u,0), f_2(u,0)\rangle$$
$$= 2^{a_1(u)} \times 3^{a_2(u)} \in \mathcal{PRF},$$
$$f(u,x+1) = \langle f_1(u,x+1), f_2(u,x+1)\rangle$$
$$= \langle b_1(u,x,f_1(u,x),f_2(u,x)), b_2(u,x,f_1(u,x),f_2(u,x))\rangle$$
$$= \langle b_1(u,x,\mathrm{ep}_0(f(u,x)),\mathrm{ep}_1(f(u,x))),$$
$$\quad b_2(u,x,\mathrm{ep}_0(f(u,x)),\mathrm{ep}_1(f(u,x))) \rangle$$
$$= b(u,x,f(u,x)).$$

这里
$$b(u,x,y) = \langle b_1(u,x,\mathrm{ep}_0(y),\mathrm{ep}_1(y)), b_2(u,x,\mathrm{ep}_0(y),\mathrm{ep}_1(y))\rangle \in \mathcal{PRF}.$$

于是 $f \in \mathcal{PRF}$. 又因为
$$f_1(u,x) = \mathrm{ep}_0(f(u,x)),$$
$$f_2(u,x) = \mathrm{ep}_1(f(u,x)),$$

所以 $f_1, f_2 \in \mathcal{PRF}$. □

定理 1.50 (变参递归) 设函数 $a, g : \mathbb{N} \to \mathbb{N}$, 函数 $b : \mathbb{N}^3 \to \mathbb{N}$, 定义函数 $f : \mathbb{N}^2 \to \mathbb{N}$ 如下:
$$f(u,0) = a(u),$$
$$f(u,x+1) = b(u,x,f(g(u),x)).$$

若 $a,b,g \in \mathcal{PRF}$, 则 $f \in \mathcal{PRF}$.

证明 令 $G(u,l) = g^l(u)$, 则 $G = \mathrm{It}\,[g] \in \mathcal{PRF}$. 令
$$h(u,l,x) = \text{if } x \leqslant l \text{ then } f(g^{l\dot{-}x}(u),x) \text{ else } 0$$
$$= f(g^{l\dot{-}x}(u),x) \mathrm{N}(x \dot{-} l)$$

则
$$h(u,l,0) = f(g^{l\dot{-}0}(u),0)\,\mathrm{N}(0 \dot{-} l)$$
$$= f(g^l(u),0)$$
$$= a(g^l(u))$$
$$= a(G(u,l)) \in \mathcal{PRF}.$$

注意到 $N((x+1) \dotdiv l) = 1 \Rightarrow N(x \dotdiv l) = 1$, 于是

$$\begin{aligned}
h(u,l,x+1) &= f(g^{l \dotdiv (x+1)}(u), x+1)N((x+1) \dotdiv l) \\
&= b(g^{l \dotdiv (x+1)}(u), x, f(g^{l \dotdiv (x+1)+1}(u), x))N((x+1) \dotdiv l) \\
&= b(G(u, l \dotdiv (x+1)), x, f(g^{l \dotdiv x}(u), x))N((x+1) \dotdiv l) \\
&= b(G(u, l \dotdiv (x+1)), x, f(g^{l \dotdiv x}(u), x)N(x \dotdiv l))N((x+1) \dotdiv l) \\
&= b(G(u, l \dotdiv (x+1)), x, h(u,l,x))N((x+1) \dotdiv l) \\
&= B(u, l, x, h(u,l,x)).
\end{aligned}$$

这里

$$B(u,l,x,y) = b(G(u, l \dotdiv (x+1)), x, y)N((x+1) \dotdiv l) \in \mathcal{PRF}.$$

因此 $h \in \mathcal{PRF}$. 而 $f(u,x) = h(u,x,x)$, 故 $f \in \mathcal{PRF}$. □

定理 1.51 (多重递归) 设函数 $a, b : \mathbb{N} \to \mathbb{N}$ 且 $a(0) = b(0)$, 函数 $c : \mathbb{N}^4 \to \mathbb{N}$, 定义函数 $f : \mathbb{N}^2 \to \mathbb{N}$ 如下:

$$\begin{aligned}
f(0,x) &= a(x), \\
f(u,0) &= b(u), \\
f(u+1, x+1) &= c(u, x, f(u+1,x), f(u,x+1)).
\end{aligned}$$

若 $a, b, c \in \mathcal{PRF}$, 则 $f \in \mathcal{PRF}$.

证明 令

$$F(n) = \langle\, f(0,n), f(1, n-1), \cdots, f(i,j), \cdots, f(n,0) \,\rangle,$$

这里 $i + j = n$, 于是

$$\begin{aligned}
F(0) &= \langle\, f(0,0) \,\rangle \\
&= 2^{a(0)},
\end{aligned}$$

$$F(n+1) = \langle f(0, n+1), f(1, n), \cdots, f(n+1, 0) \rangle$$

$$= p_0^{f(0,n+1)} \times p_{n+1}^{f(n+1,0)} \times \prod_{i=1}^{n} \left[p_i^{f(i,n+1-i)} \right]$$

$$= p_0^{a(n+1)} \times p_{n+1}^{b(n+1)} \times \prod_{i=1}^{n} \left[p_i^{c(i\dot{-}1,n\dot{-}i,f(i,n\dot{-}i),f(i\dot{-}1,n+1\dot{-}i))} \right]$$

$$= p_0^{a(n+1)} \times p_{n+1}^{b(n+1)} \times \prod_{i=1}^{n} \left[p_i^{c(i\dot{-}1,n\dot{-}i,\mathrm{ep}(i,F(n)),\mathrm{ep}(i\dot{-}1,F(n)))} \right]$$

$$= G(n, F(n)),$$

这里

$$G(n, z) = p_0^{a(n+1)} \times p_{n+1}^{b(n+1)} \times \prod_{i=1}^{n} \left[p_i^{c(i\dot{-}1,n\dot{-}i,\mathrm{ep}(i,z),\mathrm{ep}(i\dot{-}1,z))} \right].$$

易见 $G \in \mathcal{PRF}$, 故 $F \in \mathcal{PRF}$.

又因为 $f(u, x) = \mathrm{ep}(u, F(u+x))$, 故 $f \in \mathcal{PRF}$. □

定义 1.28 (Ackermann 函数) 数论函数 $\mathrm{Ack} : \mathbb{N}^2 \to \mathbb{N}$ 由以下递归式定义:

$$\mathrm{Ack}(0, n) = n + 1,$$
$$\mathrm{Ack}(m + 1, 0) = \mathrm{Ack}(m, 1),$$
$$\mathrm{Ack}(m + 1, n + 1) = \mathrm{Ack}(m, \mathrm{Ack}(m + 1, n)).$$

该函数称为 Ackermann 函数.

引理 1.52 Ackermann 函数具有以下性质:

(1) $\mathrm{Ack}(m, n)$ 是全函数;

(2) $\mathrm{Ack}(m, n) > n$;

(3) $\mathrm{Ack}(m, n)$ 对于 m 和 n 皆严格递增;

(4) $\mathrm{Ack}(m, n) > m$;

(5) $\mathrm{Ack}(m, n + 1) \leqslant \mathrm{Ack}(m + 1, n)$;

(6) $\mathrm{Ack}(m, 2n) < \mathrm{Ack}(m+2, n)$;

(7)
$$\begin{aligned}
\mathrm{Ack}(1, n) &= 2 + n, \\
\mathrm{Ack}(2, n) &= 2n + 3, \\
\mathrm{Ack}(3, n) &= 2^{n+3} - 3, \\
\mathrm{Ack}(4, n) &= \underbrace{2^{2^{\cdot^{\cdot^{\cdot^{2}}}}}}_{n+3 \text{ 个 } 2} - 3;
\end{aligned}$$

(8) 固定 i, $f_i(n) = \mathrm{Ack}(i, n)$ 对于 n 是原始递归函数;

(9) 固定 j, $h_j(m) = \mathrm{Ack}(m, j)$ 对于 m 不是原始递归函数.

证明 留作习题. □

定理 1.53 设 $n \in \mathbb{N}^+$, $f: \mathbb{N}^n \to \mathbb{N}$. 若 $f \in \mathcal{PRF}$, 则存在 $h \in \mathbb{N}$, 使得

$$\forall \vec{x} \in \mathbb{N}^n.\, f(\vec{x}) < \mathrm{Ack}(h, \max\{\vec{x}\}),$$

即 $\mathrm{Ack}(m, n)$ 为 $\mathcal{PRF}$ 的控制函数.

证明 因为 $\mathcal{PRF} = \mathcal{ITF}$, 故只需对 $f \in \mathcal{ITF}$ 证明存在满足条件的 h. 下面对 $f \in \mathcal{ITF}$ 的结构作归纳证明.

情况 1. 若 $f \in \mathcal{IF}$:

$$\begin{aligned}
Z(x) &< x + 2 = \mathrm{Ack}(1, x), \\
S(x) &< x + 2 = \mathrm{Ack}(1, x), \\
P_i^n(\vec{x}) &\leqslant \max\{\vec{x}\} < \max\{\vec{x}\} + 2 = A(1, \max\{\vec{x}\}).
\end{aligned}$$

情况 2. 若 $f = \mathrm{Comp}_n^m[f_0, f_1, \cdots, f_n]$, 根据归纳假设, 存在 $h_0, h_1, \cdots, h_n$ 使得

$$f_i(\vec{x}) < \mathrm{Ack}(h_i, \max\{\vec{x}\}), \quad i = 0, 1, \cdots, n.$$

于是有

$$\begin{aligned}
f(\vec{x}) &= f_0(f_1(\vec{x}), \cdots, f_n(\vec{x})) \\
&< \mathrm{Ack}(h_0, \max\{f_1(\vec{x}), \cdots, f_n(\vec{x})\}) \\
&< \mathrm{Ack}(h_0, \max\{\mathrm{Ack}(h_1, \max\{\vec{x}\}), \cdots, \mathrm{Ack}(h_n, \max\{\vec{x}\})\}) \\
&\leqslant \mathrm{Ack}(h_0, \mathrm{Ack}(h_1 + \cdots + h_n, \max\{\vec{x}\})) \\
&< \mathrm{Ack}\left(\sum_{i=0}^{n} h_i, \mathrm{Ack}\left(\sum_{i=0}^{n} h_i + 1, \max\{\vec{x}\}\right)\right) \\
&= \mathrm{Ack}\left(\sum_{i=0}^{n} h_i + 1, \max\{\vec{x}\} + 1\right) \\
&\leqslant \mathrm{Ack}\left(\sum_{i=0}^{n} h_i + 2, \max\{\vec{x}\}\right).
\end{aligned}$$

于是取 $h = \sum_{i=0}^{n} h_i + 2$ 即可.

情况 3. 若 $f = \mathrm{It}\,[g]$, 即

$$\begin{aligned}
f(x, 0) &= x, \\
f(x, y+1) &= g(f(x, y)).
\end{aligned}$$

根据归纳假设, 存在 h 使得

$$g(x) < \mathrm{Ack}(h, x).$$

下面对 y 作归纳证明 $f(x, y) < \mathrm{Ack}(h+1, x+y)$.

当 $y = 0$ 时,

$$f(x, 0) = x < \mathrm{Ack}(1, x) \leqslant \mathrm{Ack}(h+1, x+y);$$

假设当 $y = k$ 时, $f(x, k) < \mathrm{Ack}(h+1, x+k)$;

当 $y = k+1$ 时, 注意到 $\mathrm{Ack}(m, n)$ 对于 m 和 n 皆严格递增, 于是

$$\begin{aligned}
f(x, k+1) &= g(f(x, k)) \\
&< \mathrm{Ack}(h, f(x, k)) \\
&\leqslant \mathrm{Ack}(h, \mathrm{Ack}(h+1, x+k)) \qquad \text{根据归纳假设} \\
&= \mathrm{Ack}(h+1, x+(k+1)).
\end{aligned}$$

故对于任意的 $y \in \mathbb{N}$, 都有 $f(x,y) < \text{Ack}(h+1, x+y)$. 于是

$$f(x,y) < \text{Ack}(h+1, x+y)$$
$$\leqslant \text{Ack}(h+1, 2\max\{x,y\})$$
$$< \text{Ack}(h+3, \max\{x,y\}),$$

取 $h' = h+3$ 即可.

情况 4. 若 $f = \text{Itw}[g]$, 则同理可证. □

推论 1.54 Ackermann 函数不是原始递归函数.

证明 由定理 1.53 知 Ackermann 函数是 $\mathcal{PRF}$ 的控制函数; 根据定理 1.36 知 Ackermann 函数不是原始递归函数. □

定理 1.55 $\mathcal{EF} \subset \mathcal{PRF}$

证明 (1) 先证明 $\mathcal{EF} \subseteq \mathcal{PRF}$.
(1.1) 根据引理 1.39 知 $x \dotdiv y \in \mathcal{PRF}$.
(1.2) 设 $f(\vec{x}, y) = \sum_{i=0}^{y} g(\vec{x}, i)$, 其中 $g \in \mathcal{PRF}$, 则

$$f(\vec{x}, 0) = g(\vec{x}, 0),$$
$$f(\vec{x}, y+1) = g(\vec{x}, y+1) + f(\vec{x}, y),$$

所以 $f \in \mathcal{PRF}$, 即 $\mathcal{PRF}$ 对于 $\sum[\,\cdot\,]$ 封闭.

(1.3) 同理可证 $\mathcal{PRF}$ 对 $\prod[\,\cdot\,]$ 封闭.
(2) 再证明 $\mathcal{EF} \neq \mathcal{PRF}$. 令 $g: \mathbb{N}^2 \to \mathbb{N}$ 为定义 1.22 中的函数, 即

$$G(k,x) = \underbrace{2^{2^{\cdot^{\cdot^{\cdot^{2^x}}}}}}_{k \uparrow 2}.$$

根据推论 1.37 知 $G \notin \mathcal{EF}$. 又因为

$$G(0,x) = x,$$
$$G(n+1,x) = 2^{G(n,x)},$$

且 $2^x \in \mathcal{PRF}$, 故 $G \in \mathcal{PRF}$. 因此 $\mathcal{EF} \neq \mathcal{PRF}$. □

§1.5 递归函数

定义 1.29 (正则函数) 设 $k \in \mathbb{N}$, $f: \mathbb{N}^{k+1} \to \mathbb{N}$ 为 $k+1$ 元数论全函数. 若 f 满足条件
$$\forall \vec{y} \in \mathbb{N}^k. \exists x \in \mathbb{N}. f(x, \vec{y}) = 0,$$
即 $f(x, \vec{y})$ 对于 x 存在根, 则称 f 是正则的.

定义 1.30 (正则 μ-算子) 设 $k \in \mathbb{N}$, $f: \mathbb{N}^{k+1} \to \mathbb{N}$ 为 $k+1$ 元数论全函数, 且 f 是正则的, 即
$$\forall \vec{y} \in \mathbb{N}^k. \exists x \in \mathbb{N}. f(x, \vec{y}) = 0,$$
$\mu x. [f(x, \vec{y})]$ 为 k 元数论函数 $g: \mathbb{N}^k \to \mathbb{N}$, 定义为
$$g(\vec{y}) = \min \{ x : f(x, \vec{y}) = 0 \},$$
即 $g(\vec{y})$ 为 $f(x, \vec{y})$ 对于 x 的最小根. $\mu x. [\cdot]$ 称为正则 μ-算子, 且称 g 由 f 经正则 μ-算子而得. 这里 "正则" 指函数 f 是正则的.

定义 1.31 (一般递归函数) 一般递归函数 (general recursive function) 类 $\mathcal{GRF}$ 为满足以下条件的最小集合:
(1) $\mathcal{IF} \subseteq \mathcal{GRF}$, 这里 $\mathcal{IF}$ 为定义 1.2 中的本原函数集合;
(2) $\mathcal{GRF}$ 对于复合和原始递归算子封闭;
(3) $\mathcal{GRF}$ 对于正则 μ-算子封闭.

事实 1.56 若 $f \in \mathcal{GRF}$, 则 f 为全函数.

定义 1.32 (μ-算子) 设 $k \in \mathbb{N}$, $f: \mathbb{N}^{k+1} \to \mathbb{N}$ 为 $k+1$ 元部分数论函数, $\mu x. [f(x, \vec{y})]$ 为 k 元部分数论函数 $g: \mathbb{N}^k \to \mathbb{N}$, 定义为
$$g(\vec{y}) = \begin{cases} t, & \text{若 } \forall i < t. f(i, \vec{y}) \text{ 有定义且 } f(i, \vec{y}) \neq 0, \text{ 且 } f(t, \vec{y}) = 0, \\ \uparrow, & \text{否则}, \end{cases}$$
其中记号 $\uparrow$ 表示无定义. $\mu x. [\cdot]$ 称为 μ-算子, 且称 g 由 f 经 μ-算子而得.

例 1.23
$$f(x) = \mu y. [x + y] = \begin{cases} 0, & \text{若 } x = 0, \\ \uparrow, & \text{否则}, \end{cases}$$

§1.5 递归函数

而
$$g(x) = \mu y. [x+y+1]$$
则为处处无定义函数.

定义 1.33 (部分递归函数) 部分递归函数 (partial recursive function) 类 $\mathcal{RF}$ 为满足以下条件的部分数论函数的最小集合:
  (1) $\mathcal{IF} \subseteq \mathcal{RF}$, 这里 $\mathcal{IF}$ 为定义 1.2 中的本原函数集合;
  (2) $\mathcal{RF}$ 对于复合和原始递归算子封闭;
  (3) $\mathcal{RF}$ 对于 μ-算子封闭.

这里部分数论函数的复合和原始递归算子以及 μ-算子的作用是数论全函数情形的自然推广, 具体定义形式同定义 1.4 和定义 1.24. 当定义式右边函数在某点无定义时, 左边函数就在此点无定义.

和定理 1.2、定理 1.13 以及定理 1.38 类似, 关于 $\mathcal{GRF}$ 和 $\mathcal{RF}$ 有以下定理.

定理 1.57 设 f 为数论函数, $f \in \mathcal{GRF}$ 当且仅当存在数论函数序列 $f_0, \cdots, f_n$, 使得 $f = f_n$, 且对于 $0 \leqslant i \leqslant n$, f_i 满足下述条件之一:
  (1) $f_i \in \mathcal{IF}$; 或
  (2) 存在 $k, m > 0$ 及 $i_0, i_1, \cdots, i_k < i$ (注意, 允许某个 $i_u = i_v$), 使得 $f_{i_0}: \mathbb{N}^k \to \mathbb{N}$, $f_{i_1}, \cdots, f_{i_k}: \mathbb{N}^m \to \mathbb{N}$, 且
$$f_i = \mathrm{Comp}_k^m[f_{i_0}, f_{i_1}, \cdots, f_{i_k}],$$
即 f_i 由其前 $k+1$ 个函数 $f_{i_0}, f_{i_1}, \cdots, f_{i_k}$ 复合而来; 或
  (3) 存在 $k, l < i$ 和 $m > 0$, 使得 $f_k: \mathbb{N}^m \to \mathbb{N}$, $f_l: \mathbb{N}^{m+2} \to \mathbb{N}$, 且
$$f_i = \mathrm{Prim}^m[f_k, f_l],$$
即 f_i 由其前某两个函数 f_k 和 f_l 通过带参原始递归算子而来; 或
  (4) 存在 $k < i$ 以及 $a \in \mathbb{N}$, 使得 $f_k: \mathbb{N}^2 \to \mathbb{N}$, 且
$$f_i = \mathrm{Prim}^0[a, f_k],$$
即 f_i 由其前某个函数 f_k 通过无参原始递归算子而来.
  (5) 存在 $k < i$ 及 $m \in \mathbb{N}$, 使得 $f_k: \mathbb{N}^{m+1} \to \mathbb{N}$ 是正则的, 即
$$\forall \vec{y} \in \mathbb{N}^m. \exists x \in \mathbb{N}. f_k(x, \vec{y}) = 0,$$
且 $f_i: \mathbb{N}^m \to \mathbb{N}$ 定义为
$$f_i(\vec{y}) = \mu x. [f_k(x, \vec{y})],$$

即 f_i 由其前某个函数 f_k 通过正则 $\mu-$算子而来.

函数序列 $f_0,\cdots,f_n$ 被称为一般递归函数 f 的构造过程. 注意, f 的构造过程可能不唯一. 设 f 的最短构造过程为 $f_0,\cdots,f_n$, 则 n 被称为 f 的构造长度.

定理 1.58 设 f 为部分数论函数, $f \in \mathcal{RF}$ 当且仅当存在部分数论函数序列 $f_0,\cdots,f_n$, 使得 $f = f_n$, 且对于 $0 \leqslant i \leqslant n$, f_i 满足下述条件之一:

(1) $f_i \in \mathcal{IF}$; 或

(2) 存在 $k, m > 0$ 及 $i_0, i_1, \cdots, i_k < i$ (注意, 允许某个 $i_u = i_v$), 使得 $f_{i_0}: \mathbb{N}^k \to \mathbb{N}$, $f_{i_1},\cdots,f_{i_k}: \mathbb{N}^m \to \mathbb{N}$, 且
$$f_i = \operatorname{Comp}_k^m[f_{i_0}, f_{i_1},\cdots, f_{i_k}],$$
即 f_i 由其前 $k+1$ 个函数 $f_{i_0}, f_{i_1},\cdots, f_{i_k}$ 复合而来; 或

(3) 存在 $k, l < i$ 及 $m > 0$, 使得 $f_k : \mathbb{N}^m \to \mathbb{N}$, $f_l : \mathbb{N}^{m+2} \to \mathbb{N}$, 且
$$f_i = \operatorname{Prim}^m[f_k, f_l],$$
即 f_i 有其前某两个函数 f_k 和 f_l 通过带参原始递归算子而来; 或

(4) 存在 $k < i$ 及 $a \in \mathbb{N}$, 使得 $f_k : \mathbb{N}^2 \to \mathbb{N}$, 且
$$f_i = \operatorname{Prim}^0[a, f_k],$$
即 f_i 有其前某个函数 f_k 通过无参原始递归算子而来;

(5) 存在 $k < i$ 及 $m \in \mathbb{N}$, 使得 $f_k : \mathbb{N}^{m+1} \to \mathbb{N}$ 且 $f_i : \mathbb{N}^m \to \mathbb{N}$, 定义为
$$f_i(\vec{y}) = \mu x.[f_k(x,\vec{y})],$$
即 f_i 有其前某个函数 f_k 通过 $\mu-$算子而来.

函数序列 $f_0,\cdots,f_n$ 被称为部分递归函数 f 的构造过程. 注意, f 的构造过程可能不唯一. 设 f 的最短构造过程为 $f_0,\cdots,f_n$, 则 n 被称为 f 的构造长度.

根据 $\mathcal{GRF}$ 和 $\mathcal{RF}$ 的定义, 以下定理是显然的.

定理 1.59 $\mathcal{GRF} \subset \mathcal{RF}$.

定义 1.34 (递归数论谓词) 若 n 元数论谓词 P 的特征函数 $\chi_P \in \mathcal{GRF}$, 则称 P 为递归的.

定义 1.35 ($\mu-$谓词) 设 $P(x,\vec{y})$ 为 $k+1$ 元数论谓词, 其 $\mu-$谓词为 k 元数论函数, 定义为
$$\mu x.[P(x,\vec{y})] \equiv \mu x.[\chi_P(x,\vec{y})].$$

§1.5 递归函数

定义 1.36 (递归集)　若集合 S 的特征函数 $\chi_S \in \mathcal{GRF}$, 则称 S 是递归的.

例 1.24　集合 $\{0, 1, 2, 3\}$, $\{\, p : p\text{为素数}\,\}$ 都是递归的.

下面将证明 $\mathcal{PRF} \subset \mathcal{GRF}$. 主要证明 Ackermann 函数为递归函数, 证明过程较繁; 然而也可用递归论中的进一步结果证明此结论 [Cut80].

引理 1.60　设 $\prec$ 为 $\mathbb{N}$ 上的二元序关系, 定义

$$(m_1, n_1) \prec (m_2, n_2) \equiv (m_1 < m_2) \vee (m_1 = m_2 \wedge n_1 < n_2),$$

则 $\prec$ 为良序.

证明　(1) 易见 $\prec$ 为偏序.
(2) 易见 $\prec$ 为全序.
(3) 下面证明 $\prec$ 为良序. 设 $S \subseteq \mathbb{N}^2$ 且 S 非空. 因为 $S \neq \varnothing$, 所以 $\mathrm{dom}(S) \neq \varnothing$; 又因为 $\mathbb{N}$ 为良序, 所以 $\mathrm{dom}(S)$ 有最小元 a. 令

$$T = \{\, n : (a, n) \in S \,\},$$

因为 $a \in \mathrm{dom}(S)$, 所以 $T \neq \varnothing$, 从而 T 有最小元 b. 因此 (a, b) 即为 S 的最小元. 故 $\prec$ 为 $\mathbb{N}^2$ 上的良序, 从而不存在 $\prec-$无穷下降链. □

命题 1.61　Ackermann 函数为全函数.

证明　令 $\prec$ 为引理 1.60 中定义的良序, 以下对 (m, n) 作 $\prec-$良序归纳证明 $\mathrm{Ack}(m, n)$ 有定义.

(1) 若 (m, n) 为 $(0, 0)$, 易见 $\mathrm{Ack}(0, 0) = 1$ 有定义.
(2) 假设对于任何 $(x, y) \prec (m, n)$, $\mathrm{Ack}(x, y)$ 有定义.
(3) 下面证明 $\mathrm{Ack}(m, n)$ 有定义:
情况 1. $m = 0$, 从而 $\mathrm{Ack}(0, n) = n + 1$ 有定义.
情况 2. $m \neq 0$ 且 $n = 0$, 从而 $\mathrm{Ack}(m, 0) = \mathrm{Ack}(m-1, 1)$; 而 $(m-1, 1) \prec (m, 0)$, 由归纳假设知 $\mathrm{Ack}(m-1, 1)$ 有定义, 故 $\mathrm{Ack}(m, 0)$ 有定义.
情况 3. $m \neq 0$ 且 $n \neq 0$, 从而 $\mathrm{Ack}(m, n) = \mathrm{Ack}(m-1, \mathrm{Ack}(m, n-1))$. 因为 $(m-1, \mathrm{Ack}(m, n-1)) \prec (m, n)$, $(m, n-1) \prec (m, n)$, 所以 $\mathrm{Ack}(m-1, \mathrm{Ack}(m, n-1))$ 有定义, 因此 $\mathrm{Ack}(m, n)$ 有定义.

综上所述, 对于任意 $m, n \in \mathbb{N}$, $\mathrm{Ack}(m, n)$ 都有定义. □

当 $(m_1, n_1) \prec (m_2, n_2)$ 时, 我们称 $\mathrm{Ack}(m_1, n_1)$ 为 $\mathrm{Ack}(m_2, n_2)$ 的前值.

命题 1.62　在计算 $\mathrm{Ack}(m, n)$ 时, 只需用到有穷个 $\mathrm{Ack}(m, n)$ 的前值.

证明 对 (m,n) 作 $\prec$-良序归纳即可. □

事实上, $\mathrm{Ack}(m,n)$ 的计算树的分叉数 $\leqslant 2$, 若树为无穷, 则由 König 引理知, 必有一无穷通路 [Kön36], 这与没有 $\prec$-无穷下降链矛盾.

定义 1.37 (合适集) 设 $S \subseteq \mathbb{N}^3$, 若 S 满足:

(1) S 有穷;

(2) 若 $(0, n, z) \in S$, 则 $z = n + 1$;

(3) $(m+1, 0, z) \in S$, 则 $(m, 1, z) \in S$;

(4) 若 $(m+1, n+1, z) \in S$, 则存在 l 使 $(m, l, z), (m+1, n, l) \in S$.

则称 S 是合适的.

引理 1.63 对于 $A(m, n)$, 令

$$S_{m,n} = \{(x, y, z) : z = \mathrm{Ack}(x, y) \text{ 且 } \mathrm{Ack}(x, y) \text{ 为计算 } \mathrm{Ack}(m, n) \text{ 时的前值}\}$$

则 $S_{m,n}$ 为合适的.

证明 留作习题. □

定理 1.64 Ackermann 函数为一般递归函数.

证明 设 S 为合适集, 由于 S 有穷, 令

$$\nu = \Pi\{p(\langle x, y, z \rangle) : (x, y, z) \in S\},$$

其中 $p(n)$ 为第 n 个素数, $\langle x, y, z \rangle$ 为 $\{x, y, z\}$ 的 Gödel 编码. 易见 ν 和 S 是一一对应的, 故 ν 可作为 S 的编码, 记 S 为 S_ν. 从而有

$$(x, y, z) \in S_\nu \iff \mathrm{p}(\langle x, y, z \rangle) \mid \nu.$$

因此谓词 $(x, y, z) \in S_\nu$ 为初等的且 $x, y, z < \nu$. 令

$$T = \{(m, n, l) : \text{有合适集 } S_\nu \text{ 使 } l = \nu \text{ 且 } \exists z < l. (m, n, z) \in S_\nu\},$$

易证 T 为递归的 (留作习题).

因为若 ν_0 为 $S_{m,n}$ 的编码, 则 $(m, n, \nu_0) \in T$, 所以

$$\forall m, n. \exists \nu. (m, n, \nu) \in T.$$

令

$$f(m, n) = \mu \nu. [(m, n, \nu) \in T],$$

则 $f \in \mathcal{GRF}$. 因为

$$\begin{aligned}\operatorname{Ack}(m,n) &= \mu\,z.\,[(m,n,z) \in S_{f(m,n)}] \\ &= \mu\,z.\,[\operatorname{rs}(f(m,n), p(\langle m,n,z \rangle))],\end{aligned}$$

所以 $\operatorname{Ack} \in \mathcal{GRF}$. □

根据推论 1.54 知 Ackermann 函数不是原始递归函数, 故由定理 1.64 有推论 1.65.

推论 1.65 $\mathcal{PRF} \subset \mathcal{GRF}$

以上我们用控制函数的方法证明 $\mathcal{PRF} \subset \mathcal{GRF}$, 另一种方法是利用通用函数.

定理 1.66 存在一般递归函数 $f: \mathbb{N}^2 \to \mathbb{N}$, 使得对任何一元原始递归函数 $g: \mathbb{N} \to \mathbb{N}$, 存在 $m \in \mathbb{N}$, 使得

$$\forall x.\, g(x) = f(m, x).$$

这样的函数 f 被称为一元原始递归函数的通用函数.

证明 参见 [Mon76]. □

定理 1.67 定理 1.66 中的通用函数 $f \notin \mathcal{PRF}$.

证明 反设 $f \in \mathcal{PRF}$. 令 $g(n) = f(n,n)+1$, 从而 $g \in \mathcal{PRF}$. 由定理 1.66 知有 m_g 使 $g(x) = f(m_g, x)$. 取 $x = m_g$, 则

$$f(m_g, m_g) = g(m_g) = f(m_g, m_g) + 1.$$

矛盾! 因此通用函数属于 $\mathcal{GRF} - \mathcal{PRF}$. □

定理 1.68 $|\mathcal{GRF}| = \aleph_0$ 且 $|RF| = \aleph_0$.

证明 令

$$A_n = \{f : f \in \mathcal{GRF} \text{ 且 } f \text{ 的构造长度} \leq n\},$$

易见

$$A_0 = \mathcal{IF},$$
$$A_{n+1} = \big\{ f : f \in A_n \text{ 或 } f \text{ 由 } A_n \text{ 中有穷个函数}$$
$$\text{经复合或原始递归或正则 } \mu\text{--算子而得} \big\}.$$

从而

$$|A_0| = \aleph_0,$$
$$|A_{n+1}| \leqslant \left| \bigcup_{k \in \mathbb{N}} A_n^k \right|.$$

对 n 作归纳易证 $|A_n| = \aleph_0$. 又因为 $\mathcal{GRF} = \bigcup_{i \in \mathbb{N}} A_i$, 从而

$$|\mathcal{GRF}| = \left| \bigcup_{i \in \mathbb{N}} A_i \right|$$
$$\leqslant \aleph_0 \times \aleph_0$$
$$= \aleph_0.$$

故 $|\mathcal{GRF}| = \aleph_0$. 同理可证 $|\mathcal{RF}| = \aleph_0$. □

令 $\mathcal{NTF} = \big\{ f : f \text{ 为数论函数且} f \text{ 是全的} \big\}$, 易见 $|\mathcal{NTF}| = 2^{\aleph_0}$, 故得出推论 1.69.

推论 1.69 存在数论全函数 f, f 不是一般递归函数.

§1.6 结　　论

在本章我们介绍了函数集 $\mathcal{IF}$, $\mathcal{BF}$, $\mathcal{EF}$, $\mathcal{PRF}$, $\mathcal{ITF}$, $\mathcal{GRF}$ 和 $\mathcal{RF}$, 它们之间有下述关系

$$\mathcal{IF} \subset \mathcal{BF} \subset \mathcal{EF} \subset \mathcal{PRF} = \mathcal{ITF} \subset \mathcal{GRF} \subset \mathcal{RF}$$

在提出 $\mathcal{GRF}$ 和 $\mathcal{RF}$ 后, 人们认为直觉可计算的全函数集等同于 $\mathcal{GRF}$, 而直觉可计算的部分函数集等同于 $\mathcal{RF}$, 这就是所谓的 Church-Turing 论题. 在第五章我们将对 Church-Turing 论题作进一步论述.

作为一个计算模型, $\mathcal{GRF}$ 在以后各章将经常被利用.

习　题

1.1　证明: 对于固定的 k, 一元数论函数 $x+k \in \mathcal{BF}$.

1.2　证明: 对任意 $k \in \mathbb{N}^+$, $f: \mathbb{N}^k \to \mathbb{N}$, 若 $f \in \mathcal{BF}$, 则存在 h, 使得

$$f(\vec{x}) < \|\vec{x}\| + h.$$

其中 $\|\vec{x}\| \equiv \max\{x_i : 1 \leqslant i \leqslant k\}$.

1.3　证明: 二元数论函数 $x + y \notin \mathcal{BF}$.

1.4　证明: 二元数论函数 $x \dotminus y \notin \mathcal{BF}$.

1.5　设 $\mathrm{pg}(x, y) = 2^x(2y+1) \dotminus 1$, 证明: 存在初等函数 $K(x)$ 和 $L(x)$ 使得

$$K(\mathrm{pg}(x,y)) = x,$$
$$L(\mathrm{pg}(x,y)) = y,$$
$$\mathrm{pg}(K(z), L(z)) = z.$$

1.6　设 $f: \mathbb{N} \to \mathbb{N}$, 证明: f 可以作为配对函数的左函数当且仅当对任何 $i \in \mathbb{N}$,

$$|\{x \in \mathbb{N} : f(x) = i\}| = \aleph_0.$$

1.7　证明: 从本原函数出发, 经复合和算子 $\prod_{i=n}^{m}[\cdot]$ 可以生成所有的初等函数, 这里

$$\prod_{i=n}^{m}[f(i)] = \begin{cases} f(n) \cdot f(n+1) \cdot \cdots \cdot f(m), & \text{若 } m \geqslant n, \\ 1, & \text{若 } m < n. \end{cases}$$

1.8　设

$$M(x) = \begin{cases} M(M(x+11)), & \text{若 } x \leqslant 100, \\ x - 10, & \text{若 } x > 100, \end{cases}$$

证明:

$$M(x) = \begin{cases} 91, & \text{若 } x \leqslant 100, \\ x - 10, & \text{否则.} \end{cases}$$

1.9　证明:

$$\min x \leqslant n.\,[f(x, \vec{y})] = n \dotminus \max x \leqslant n.\,[f(n \dotminus x, \vec{y})],$$
$$\max x \leqslant n.\,[f(x, \vec{y})] = n \dotminus \min x \leqslant n.\,[f(n \dotminus x, \vec{y})].$$

1.10 证明:$\mathcal{EF}$ 对有界 max-算子封闭.

1.11 Euler 函数 $\varphi : \mathbb{N} \to \mathbb{N}$ 定义为

$$\varphi(n) = |\{\, x : 0 < x \leqslant n \,\wedge\, \gcd(x,n) = 1 \,\}|,$$

即 $\varphi(n)$ 表示小于等于 n 且与 n 互素的正整数个数. 例如 $\varphi(1) = 1$, 因为 1 与其本身互素; $\varphi(9) = 6$, 因为 9 与 $1,2,4,5,7,8$ 互素. 证明: $\varphi \in \mathcal{EF}$.

1.12 设 $h(x)$ 为 x 的最大素因子的下标, 约定 $h(0) = 0$, $h(1) = 0$. 例如 $h(88) = 4$, 因为 $88 = 2^3 \times 11$ 的最大素因子 11 是第 4 个素数 p_4, 其下标为 4. 证明: $h \in \mathcal{EF}$.

1.13 设 $f : \mathbb{N} \to \mathbb{N}$ 满足

$$\begin{aligned} f(0) &= 1, \\ f(1) &= 1, \\ f(x+2) &= f(x) + f(x+1), \end{aligned}$$

证明:
(1) $f \in \mathcal{PRF}$;
(2) $f \in \mathcal{EF}$.

1.14 设数论谓词 $Q(x,y,z,v)$ 定义为

$$Q(x,y,z,v) \equiv p(\langle x,y,z \rangle) \mid v,$$

其中 $p(n)$ 表示第 n 个素数, $\langle x,y,z \rangle$ 是 x,y,z 的 Gödel 编码. 证明: $Q(x,y,z,v)$ 是初等的.

1.15 设 $f : \mathbb{N} \to \mathbb{N}$ 满足

$$\begin{aligned} f(0) &= 1, \\ f(1) &= 4, \\ f(2) &= 6, \\ f(x+3) &= f(x) + (f(x+1))^2 + (f(x+2))^3, \end{aligned}$$

证明: $f \in \mathcal{PRF}$.

1.16 设 $f: \mathbb{N} \to \mathbb{N}$ 满足

$$f(0) = 0,$$
$$f(1) = 1,$$
$$f(2) = 2^2,$$
$$f(3) = 3^{3^3},$$
$$\cdots\cdots\cdots\cdots$$
$$f(n) = \underbrace{n^{\cdot^{\cdot^{\cdot^n}}}}_{n \uparrow n},$$

证明: $f \in \mathcal{PRF} - \mathcal{EF}$.

1.17 设 $g: \mathbb{N} \to \mathbb{N} \in \mathcal{PRF}$, $f: \mathbb{N}^2 \to \mathbb{N}$, 满足

$$f(x, 0) = g(x),$$
$$f(x, y+1) = f(f(\cdots f(f(x, y), y-1), \cdots), 0),$$

证明: $f \in \mathcal{PRF}$.

1.18 设 $k \in \mathbb{N}^+$, 函数 $f: \mathbb{N}^k \to \mathbb{N}$ 和 $g: \mathbb{N}^k \to \mathbb{N}$ 仅在有穷个点取不同值, 证明: f 为递归函数当且仅当 g 为递归函数.

1.19 证明:

$$f(n) = \left\lfloor \left(\frac{\sqrt{5}+1}{2}\right) n \right\rfloor$$

为初等函数.

1.20 证明: $\mathrm{Ack}(4, n) = \mathcal{PRF} - \mathcal{EF}$, 其中 $\mathrm{Ack}(x, y)$ 是 Ackermann 函数.

1.21 设 $f: \mathbb{N} \to \mathbb{N}$, f 为单射 (1–1) 且满射 (onto), 证明: $f \in \mathcal{GRF} \iff f^{-1} \in \mathcal{GRF}$.

1.22 设 $p(x)$ 为整系数多项式, 令 $f: \mathbb{N} \to \mathbb{N}$ 定义为 $f(a) = p(x) - a$ 对于 x 的非负整数根, 证明: $f \in \mathcal{RF}$.

1.23 设

$$f(x) = \begin{cases} x/y, & \text{若 } y \neq 0 \text{ 且 } y \mid x, \\ \uparrow, & \text{否则}. \end{cases}$$

证明: $f \in \mathcal{RF}$.

1.24 设 $g: \mathbb{N} \to \mathbb{N}$ 满足

$$g(0) = 0,$$
$$g(1) = 1,$$
$$g(n+2) = \mathrm{rs}((2002g(n+1) + 2003g(n)), 2005),$$

(1) 试求 $g(2006)$， (2) 证明 $g \in \mathcal{EF}$.

1.25 设 $f: \mathbb{N} \to \mathbb{N}$ 定义为

$$f(n) = \pi \text{ 的十进制展开式中第 } n \text{ 位数字}.$$

例如 $f(0) = 3, f(1) = 1, f(2) = 4$. 证明: $f \in \mathcal{GRF}$.

第二章 算盘机

中国是算盘的故乡,在计算机已被普遍使用的今天,古老的算盘不仅没有被废弃,反而因它的灵便、准确等优点,在许多国家方兴未艾. 因此, 人们往往把算盘的发明与中国古代的四大发明相提并论,认为算盘也是中华民族对人类的一大贡献.

关于算盘的记载,最早见于东汉末年徐岳所著的《数术记遗》一书. 该书记录了十四种算法,第十三种即称"珠算",其文曰:"控带四时,经纬三才". 北周数学家甄鸾对这段文字作了注释:"刻板为三分,其上下二分以停游珠,中间一分,以定其位,位各五珠,上一珠与下四珠色别. 其上别色之珠当五,其下四珠各当一. 至下四珠所领,故云控带四时;其珠游于三方之中,故云经纬三才也". 这段文字所描述的计算器具,被认为是中国算盘的原型.

西方学者对中国的算盘一直很推崇. 早在 20 世纪 60 年代,英国学者就提出过基于算盘的计算模型,George S. Boolos 等人将该模型称为"算盘机 (abacus machine)",并证明了其计算能力与 Turing 机等价 [Boo02].

本章介绍一种算盘机,这是 Cohen 教授提出的算盘机 [Coh87] 的变种 [胡 04]. 我们将形式化地定义算盘机和"算盘机可计算"的概念,并证明算盘机的计算能力与递归函数的计算能力等价.

§2.1 算盘机的定义

为了便于研究算盘的计算能力,我们只考虑具有以下特征的理想算盘:

(1) 理想算盘由无限多的"档"组成,这些档从左到右依次标号为 $1, 2, 3, \cdots$,且不再分上下档;

(2) 理想算盘的每一档上可以放置任意多的算珠;

(3) 假设有无限多的备用算珠供理想算盘计算使用.

事实上,上述理想算盘更接近于《数术记遗》中提到的算盘原型. 下面我们根据理想算盘形式化地定义算盘机.

定义 2.1 (算盘机的字母表) 算盘机的字母表包括:

(1) $A_1, A_2, \cdots, A_n, \cdots$,其中 $n \in \mathbb{N}^+$;

(2) $S_1, S_2, \cdots, S_n, \cdots$,其中 $n \in \mathbb{N}^+$;
(3) $\langle$ 和 $\rangle_1, \rangle_2, \cdots, \rangle_n, \cdots$,其中 $n \in \mathbb{N}^+$.

定义 2.2 (算盘机的格局) 设
$$\Sigma = \left\{ \xi : \xi = (x_1, x_2, \cdots) \in \mathbb{N}^\infty \ \wedge \ \exists k \in \mathbb{N}^+. \forall i > k. x_i = 0 \right\},$$
其中 $\xi \in \Sigma$ 为算盘机的一个格局.

若 $\xi = (x_1, x_2, \cdots)$, 表示算盘的第 1 档上有 x_1 个算珠, 第 2 档上有 x_2 个算珠, $\cdots\cdots$, 第 i 档上有 x_i 个算珠. 对于 $\xi \in \Sigma$, 我们用符号 $[\xi]_i$ 表示第 i 档上的算珠数目 x_i.

定义 2.3 (算盘机) 算盘机 (abacus machine) 的集合 AM 可归纳定义如下:
(1) $A_i, S_i \in \text{AM}$, 其中 $i \in \mathbb{N}^+$;
(2) 若 $M_1, M_2 \in \text{AM}$, 则 $M_1 M_2 \in \text{AM}$;
(3) 若 $M \in \text{AM}$, 则 $\langle M \rangle_k \in \text{AM}$, 其中 $k \in \mathbb{N}^+$;
(4) AM 仅限于此.

定义 2.4 设 $M \in \text{AM}$ 为一算盘机,$\xi = (x_1, x_2, \cdots)$ 为算盘机的一个格局, 我们用 $\xi M = \eta$ 表示算盘机 M 作用在格局 ξ 上计算得到格局 η. 该计算过程可根据 M 的结构归纳定义如下:
(1) $(x_1, \cdots, x_{i-1}, x_i, x_{i+1}, \cdots) A_i = (x_1, \cdots, x_{i-1}, x_i + 1, x_{i+1}, \cdots)$;
(2) $(x_1, \cdots, x_{i-1}, x_i, x_{i+1}, \cdots) S_i = (x_1, \cdots, x_{i-1}, x_i \dotdiv 1, x_{i+1}, \cdots)$;
(3) $\xi M_1 M_2 = ((\xi M_1) M_2)$;
(4)
$$\xi \langle M \rangle_k = \begin{cases} \xi M^t, & \text{若 } t = \mu\, i.\, [[\xi M^i]_k] \text{ 有定义}, \\ \uparrow, & \text{否则}, \end{cases}$$
其中符号 $\uparrow$ 表示该计算过程的结果无定义, 即算盘机在进行该计算时永不停机.

定义 2.4 实际上给出了算盘机的操作语义. 根据上述定义, 我们知道:
(1) A_i 表示向第 i 档上添加 1 个算珠;
(2) S_i 表示从第 i 个档上抹去 1 个算珠, 如果该档上没有算珠则不进行任何操作;
(3) 算盘机按照左结合进行复合运算;
(4) $\langle M \rangle_k$ 表示当第 k 档上的算珠数目不为 0 时重复地执行操作 M. 若在执行该操作前第 k 档上的算珠数目为 0, 则该操作不起任何作用; 若反复执行操作 M 始终无法使第 k 档上的算珠数目变为 0, 则该操作永不停止.

定义 2.4 中用到了符号 M^t, 下面严格地定义该符号.

定义 2.5

$$I \equiv A_1 S_1,$$
$$M^0 \equiv I,$$
$$M^{i+1} \equiv M^i M.$$

因为 $I = A_1 S_1$ 表示在第 1 档上添加 1 个算珠然后再将其抹掉, 所以 I 是一个恒等算子.

定义 2.6 对于任何 $M \in \mathrm{AM}$, 归纳定义 $\rho(M) \in \mathbb{N}^+$ 如下:
(1) $\rho(A_i) = i$, 其中 $i \in \mathbb{N}^+$;
(2) $\rho(S_i) = i$, 其中 $i \in \mathbb{N}^+$;
(3) $\rho(M_1 M_2) = \max(\rho(M_1), \rho(M_2))$;
(4) $\rho(\langle M \rangle_k) = \max(k, \rho(M))$, 其中 $k \in \mathbb{N}^+$.
直观地看, $\rho(M)$ 表示算盘机 M 的操作中用到的档的最大编号.

引理 2.1 设 $\xi, \eta \in \Sigma, M \in \mathrm{AM}$, 若 $\xi M = \eta$, 则 $\forall i > \rho(M).\, [\eta]_i = [\xi]_i$.

证明 对 M 的结构作归纳证明即可. □

引理 2.2 设 $\xi_1, \xi_2 \in \Sigma, M \in \mathrm{AM}$, 且

$$\forall i \leqslant \rho(M).\, [\xi_1]_i = [\xi_2]_i.$$

若 $\xi_1 M = \eta_1, \xi_2 M = \eta_2$, 则

$$[\eta_2]_i = \begin{cases} [\eta_1]_i, & \text{若 } 1 \leqslant i \leqslant \rho(M), \\ [\xi_2]_i, & \text{否则}. \end{cases}$$

证明 对 M 的结构作归纳证明即可. □

引理 2.3 设 $M \in \mathrm{AM}$, 若对于 $\xi \in \Sigma, \xi M$ 有定义当且仅当 ηM 有定义, 这里 $\eta \in \Sigma$ 定义为

$$[\eta]_i = \begin{cases} [\xi]_i, & \text{若 } 1 \leqslant i \leqslant \rho(M), \\ 0, & \text{否则}. \end{cases}$$

证明 对 M 的结构作归纳证明即可. □

引理 2.1—2.3 表明, 对于任何 $M \in \mathrm{AM}$, 在计算过程中只使用到第 1—$\rho(M)$ 档的算珠. 换句话说, 在执行 M 时, M 对 $\rho(M)$ 档之后的算珠不起作用.

§2.2 算盘机可计算函数

定义 2.7 设 $n \in \mathbb{N}^+, f : \mathbb{N}^n \to \mathbb{N}$ 为 n 元部分数论函数. 若存在算盘机 $M \in \mathrm{AM}$, 使得对于任意 $x_1, \cdots, x_n \in \mathbb{N}$,

$$(x_1,\cdots,x_n,0,0,\cdots)M = \begin{cases} (f(x_1,\cdots,x_n),0,0,\cdots), & \text{若 } f(x_1,\cdots,x_n) \text{ 有定义}, \\ \uparrow, & \text{否则}, \end{cases}$$

则称函数 f 是算盘机可计算的, 且称算盘机 M 计算了函数 f.

下面我们给出一些算盘机可计算函数的例子.

例 2.1 设 $Z(x) = 0$, 则算盘机

$$Z \equiv \langle S_1 \rangle_1$$

计算了函数 Z. 更一般地,

$$Z_k \equiv \langle S_k \rangle_k$$

计算了清空算盘第 k 档的零函数.

例 2.2 设 $S(x) = x + 1$, 则算盘机

$$S \equiv A_1$$

计算了函数 S.

例 2.3 设

$$\mathrm{pred}(x) \equiv x \dotminus 1 \equiv \begin{cases} 0, & \text{若 } x = 0, \\ x-1, & \text{否则}, \end{cases}$$

则算盘机

$$\mathrm{pred} \equiv S_1$$

计算了函数 pred.

例 2.4 设 $\mathrm{add}(x,y) = x+y$, 则算盘机
$$\mathrm{add} \equiv \langle A_1 S_2 \rangle_2$$
计算了函数 add.

例 2.5 设
$$\mathrm{sub}(x,y) \equiv x \dotdiv y \begin{cases} x-y, & \text{若 } x \geqslant y, \\ 0, & \text{否则}, \end{cases}$$
则算盘机
$$\mathrm{sub} \equiv \langle S_1 S_2 \rangle_2$$
计算了函数 sub.

例 2.6 设算盘机
$$\mathrm{move}_{p,q} \equiv \langle S_p A_q \rangle_p,$$
对于 $\xi \in \Sigma$, 设 $\xi \mathrm{move}_{p,q} = \eta$, 则
$$[\eta]_i = \begin{cases} 0, & \text{若 } i = p, \\ [\xi]_q + [\xi]_p, & \text{若 } i = q, \\ [\xi]_i, & \text{否则}. \end{cases}$$
换句话说, $\mathrm{move}_{p,q}$ 的作用就是将算盘的第 p 档上的算珠全部加到第 q 档上, 并且清空第 p 档.

例 2.7 设
$$N(x) \equiv \begin{cases} 0, & \text{若 } x \neq 0, \\ 1, & \text{否则}, \end{cases}$$
则算盘机
$$N \equiv A_2 \langle S_2 S_1 \rangle_1 \mathrm{move}_{2,1}$$
计算了函数 N.

例 2.8 设 $P_i^n : \mathbb{N}^n \to \mathbb{N}$, 且 $P_i^n(\vec{x}) = x_i$, 则算盘机
$$P_i^n \equiv Z_1 \cdots Z_{i-1} Z_{i+1} \cdots Z_n \mathrm{move}_{i,1}$$
计算了函数 P_i^n.

例 2.9 设算盘机

$$\mathrm{copy}_{p,q,r} \equiv \langle S_p A_q A_r \rangle_p \langle S_r A_p \rangle_r,$$

对于 $\xi \in \Sigma$, 若 $[\xi]_r = 0$, 设 $\xi \mathrm{copy}_{p,q,r} = \eta$, 则

$$[\eta]_i = \begin{cases} [\xi]_p, & \text{若 } i = p, \\ [\xi]_q + [\xi]_p, & \text{若 } i = q, \\ [\xi]_i, & \text{否则.} \end{cases}$$

换句话说, 如果原来算盘的第 r 档上的值为 0, 则 $\mathrm{copy}_{p,q,r}$ 可以将第 p 档上的值利用第 r 档增加到第 q 档上, 且保持第 p 档上的值不变.

例 2.10 设 $\mathrm{mul}(x_1, x_2) \equiv x_1 \times x_2$, 则算盘机

$$\mathrm{mul} \equiv \mathrm{move}_{1,3} \langle \mathrm{copy}_{3,1,4} S_2 \rangle_2 Z_3$$

计算了函数 mul.

例 2.11 设算盘机

$$\mathrm{swap}_{p,q,r} \equiv \mathrm{move}_{p,r} \mathrm{move}_{q,p} \mathrm{move}_{r,q},$$

对于 $\xi \in \Sigma$, 若 $[\xi]_r = 0$, 设 $\xi \mathrm{swap}_{p,q,r} = \eta$, 则

$$[\eta]_i = \begin{cases} [\xi]_q, & \text{若 } i = p, \\ [\xi]_p, & \text{若 } i = q, \\ [\xi]_i, & \text{否则.} \end{cases}$$

换句话说, 如果原来算盘的第 r 档上的值为 0, 则 $\mathrm{swap}_{p,q,r}$ 可以利用第 r 档交换第 p 档和第 q 档的值.

例 2.12 设函数

$$\mathrm{sel}(x_1, x_2, x_3) \equiv \begin{cases} x_2, & \text{若 } x_1 = 0, \\ x_3, & \text{否则,} \end{cases}$$

则算盘机

$$\mathrm{sel} \equiv \langle \mathrm{swap}_{2,3,4} \rangle_1 Z_1 Z_3 \mathrm{move}_{2,1}$$

计算了函数 sel.

§2.3 算盘机的计算能力

在本节中, 我们将证明算盘机的计算能力等价于部分递归函数的计算能力.

定理 2.4 本原函数是算盘机可计算的.

证明 根据例 2.1、例 2.2 和例 2.8 直接可得. □

约定 2.8 我们将使用符号 $\prod_{i=1}^{n} M_i$ 表示按照下述定义的算盘机

$$\prod_{i=1}^{n} M_i \equiv M_1 M_2 \cdots M_n.$$

定理 2.5 设 $m, n \in \mathbb{N}^+, f : \mathbb{N}^m \to \mathbb{N}, g_1, \cdots, g_m : \mathbb{N}^n \to \mathbb{N}$, 若 $f, g_1, \cdots, g_m$ 都是算盘机可计算的, 则 $\mathrm{Comp}_m^n[f, g_1, \cdots, g_m]$ 也是算盘机可计算的.

证明 设算盘机 $F, G_1, \cdots, G_m \in \mathrm{AM}$ 分别计算了 $f, g_1, \cdots, g_m$, 令

$$k = \max \{ \rho(F), \rho(G_1), \cdots, \rho(G_m) \} + 1,$$

我们按照如下算法计算函数 $\mathrm{Comp}_m^n[f, g_1, \cdots, g_m]$:

S1. 将第 $1, \cdots, n$ 档上的 n 个输入参数分别转移到第 $k+1, \cdots, k+n$ 档;

S2. 对于 $i = 1, 2, \cdots, m$ 重复做以下操作:

S2.1. 将第 $k+1, \cdots, k+n$ 档上的数据利用第 k 档分别复制到第 $1, \cdots, n$ 档;

S2.2. 执行 G_i. 根据引理 2.2, 执行结束后第 1 档上的值是 $g_i(\vec{x})$, 第 $2, \cdots, k-1$ 档上的值是 0, 第 $k, k+1, \cdots$ 档上的值保持不变;

S2.3. 将第 1 档上的计算结果转移到第 $k+n+i$ 档;

S3. 将第 $k+n+1, \cdots, k+n+m$ 档上的数据分别转移到第 $1, \cdots, m$ 档;

S4. 清除第 $k+1, \cdots, k+n$ 档上的数据;

S5. 执行 F;

S6. 执行完行数操作后, 第 1 档上的值就是 $f(g_1(\vec{x}), \cdots, g_m(\vec{x}))$.

综上所述, 令

$$k = \max\{\rho(F), \rho(G_1), \cdots, \rho(G_m)\} + 1,$$

$$H_1 \equiv \prod_{i=1}^{n} \text{move}_{i,k+i},$$

$$H_2 \equiv \prod_{i=1}^{m} \left(\left(\prod_{j=1}^{n} \text{copy}_{k+j,j,k}\right) G_i \text{move}_{1,k+n+i}\right),$$

$$H_3 \equiv \prod_{i=1}^{m} \text{move}_{k+n+i,i},$$

$$H_4 \equiv \prod_{i=1}^{n} Z_{k+i},$$

$$H \equiv H_1 H_2 H_3 H_4 F,$$

则 H 计算了函数 $\text{Comp}_m^n[f, g_1, \cdots, g_m]$. □

定理 2.6 设 $f: \mathbb{N} \to \mathbb{N}$, 若 f 是算盘机可计算的, 则 $\text{Itw}[f]$ 也是算盘机可计算的.

证明 令 $g = \text{Itw}[f]$, 则 $g(n) = f^n(0)$.

设 $F \in \text{AM}$ 计算了函数 f, 令 $k = \rho(F) + 1$, 我们按照如下算法计算函数 g:

S1. 将第 1 档上的输入参数 n 转移到第 k 档上, 第 1 档的值变为 0;

S2. 当第 k 档不为 0 时重复下列操作:

S2.1. 将第 1 档上的数据作为输入, 执行 F. 根据引理 2.2, 执行结束后第 1 档上的值是 $f(x)$, 这里 x 是上一次循环结束时第 1 档上的值, 第 $2, \cdots, k-1$ 档上的值是 0, 第 $k, k+1, \cdots$ 档上的值保持不变;

S2.2. 执行 S_k;

S3. 上述循环结束时, 第 1 档上的值就是 $g(n)$.

综上所述, 设 $F \in \text{AM}$ 计算了 f, 令 $k = \rho(F) + 1$, 则

$$G \equiv \text{move}_{1,k} \langle FS_k \rangle_k$$

计算了函数 g. □

定理 2.7 设 $f: \mathbb{N} \to \mathbb{N}$, 若 f 是算盘机可计算的, 则 $\text{It}[f]$ 也是算盘机可计算的.

证明 令 $g = \text{It}[f]$, 即
$$g(x, 0) = x,$$
$$g(x, n+1) = f(g(x, n)).$$

类似定理 2.6 的证明, 设 $F \in \text{AM}$ 计算了函数 f, 令 $k = \rho(F) + 1$, 则
$$G \equiv \text{move}_{2,k} \langle FS_k \rangle_k$$
计算了函数 g. □

定理 1.47 表明用本原函数、复合、原始复迭和弱原始复迭可以生成一切原始递归函数. 因此根据定理 2.4—2.7 可以直接得到以下推论.

推论 2.8 原始递归函数是算盘机可计算的.

定理 2.9 设 $n \in \mathbb{N}, f: \mathbb{N}^{n+1} \to \mathbb{N}$ 是 $n+1$ 元部分数论函数, $g: \mathbb{N}^n \to \mathbb{N}$ 定义为 $g(\vec{y}) = \mu x.[f(x, \vec{y})]$. 若 f 是算盘机可计算的, 则 g 也是算盘机可计算的.

证明 设 $F \in \text{AM}$ 计算了函数 f, 令 $k = \rho(F) + 1$, 我们将按照如下算法来计算函数 $g(\vec{y})$:

S1. 将第 $1, \cdots, n$ 档上的 n 个输入参数分别转移到第 $k+2, \cdots, k+n+1$ 档;

S2. 执行 A_1;

S3. 当第 1 档上的值不为 0 时重复做下列操作:

S3.1. 清空第 1 档的数据;

S3.2. 将第 $k+1, \cdots, k+n, k+n+1$ 档上的数据利用第 k 档分别复制到第 $1, \cdots, n, n+1$ 档;

S3.3. 执行 F. 根据引理 2.2, 执行结束后第 1 档的值是 $f(x, \vec{y})$, 其中 $\vec{y}$ 是算盘机的 n 个初始输入, x 是当前第 $k+1$ 档的值; 第 $2, \cdots, k-1$ 档的值是 0, 第 $k, k+1, \cdots$ 档的值保持不变;

S3.4. 执行 A_{k+1}

S4. 将第 $k+1$ 档上的数据转移到第 1 档上;

S5. 执行 S_1;

S6. 清空第 $k+2, \cdots, k+n+1$ 档上的数据;

S7. 执行完上述操作后, 第 1 档上的值就是 $g(\vec{x})$.

注意, 若 $g(\vec{x})$ 无定义, 上述算法在输入 $\vec{x}$ 后将永不停机.

综上所述, 令

$$k = \rho(F) + 1,$$
$$G_1 \equiv \prod_{i=1}^{n} \text{move}_{i,k+i+1},$$
$$G_2 \equiv Z_1 \prod_{i=1}^{n+1} \text{copy}_{k+i,i,k} FA_{k+1},$$
$$G_3 \equiv \prod_{i=1}^{n} Z_{k+i+1},$$
$$G \equiv G_1 A_1 \langle G_2 \rangle_1 \text{move}_{k+1,1} S_1 G_3,$$

易见, 对于任意 $x_1, \cdots, x_n \in \mathbb{N}$,

$$(x_1, \cdots, x_n, 0, \cdots) G = \begin{cases} (g(x_1, \cdots, x_n), 0, 0, \cdots), & \text{若 } g(x_1, \cdots, x_n) \text{ 有定义}, \\ \uparrow, & \text{否则}. \end{cases}$$

因此算盘机 G 计算了函数 g. □

根据定理 2.4、定理 2.5、定理 2.9 和推论 2.8, 以及部分递归函数的定义 1.33 直接可得推论 2.10.

推论 2.10 部分递归函数是算盘机可计算的.

定义 2.9 设 $m, n \in \mathbb{N}^+, F: \mathbb{N}^n \to \mathbb{N}^m$, 若存在部分递归函数 $f_1, \cdots, f_m: \mathbb{N}^n \to \mathbb{N}$, 使得 $\forall \vec{x} \in \mathbb{N}^n, F(\vec{x})$ 有定义且 $F(\vec{x}) = (y_1, \cdots, y_m)$ 当且仅当 $f_1(\vec{x}), \cdots, f_m(\vec{x})$ 有定义且 $f_1(\vec{x}) = y_1, \cdots, f_m(\vec{x}) = y_m$, 即

$$F(\vec{x}) = (f_1(\vec{x}), \cdots, f_m(\vec{x})),$$

则称 F 是递归可计算的. 简记作 $F \equiv (f_1, \cdots, f_m)$.

定义 2.10 设 $M \in \text{AM}, k = \rho(M)$, 设 $F: \mathbb{N}^k \to \mathbb{N}^k$ 是递归可计算的, 且 $F \equiv (f_1, \cdots, f_k)$. 我们称函数 F 递归定义了算盘机 M 是指对于任何格局 $\xi \in \Sigma$,

$$f_i([\xi]_1, \cdots, [\xi]_k) = \begin{cases} [\xi M]_i, & \text{若 } \xi M \text{ 有定义}, \\ \uparrow, & \text{否则}, \end{cases}$$

其中 $i = 1, 2, \cdots, k$, 即

$$F([\xi]_1, \cdots, [\xi]_k) = \begin{cases} ([\xi M]_1, \cdots, [\xi M]_k), & \text{若 } \xi M \text{ 有定义}, \\ \uparrow, & \text{否则}. \end{cases}$$

若存在这样的递归可计算函数 F 递归定义算盘机 M, 则称算盘机 M 是递归可定义的.

定理 2.11 设 $n \in \mathbb{N}^+$, 函数 $f : \mathbb{N}^n \to \mathbb{N}$ 是算盘机可计算的, 且算盘机 $M \in \mathrm{AM}$ 计算了 f. 若算盘机 M 是递归可定义的, 则 f 是部分递归函数.

证明 令 $k = \rho(M)$, 表示 M 在计算过程中用到的档的最大编号. 若 M 计算了 n 元函数 f, 则显然有 $n \leqslant k$.

设 $G \equiv (g_1, \cdots, g_k)$ 递归定义了 M. 根据定义 2.7 和定义 2.10 可知, 对于任意 $x_1, \cdots, x_n \in \mathbb{N}$,

$$g_1(x_1, \cdots, x_n, \underbrace{0, \cdots, 0}_{k-n \text{ 个 } 0}) = \begin{cases} [(x_1, \cdots, x_n, 0, \cdots)M]_1, & \text{若}(x_1, \cdots, x_n, 0, \cdots)M \text{有定义}, \\ \uparrow, & \text{否则} \end{cases}$$

$$= \begin{cases} f(x_1, \cdots, x_n), & \text{若 } f(x_1, \cdots, x_n) \text{ 有定义}, \\ \uparrow, & \text{否则}. \end{cases}$$

令 $f' : \mathbb{N}^n \to \mathbb{N}$ 定义为

$$f' \equiv \mathrm{Comp}_k^n \Big[g_1, P_1^n, \cdots, P_n^n, \underbrace{Z_n, \cdots, Z_n}_{k-n \text{ 个 } Z_n} \Big],$$

其中 $Z_n : \mathbb{N}^n \to \mathbb{N}$ 定义为

$$Z_n \equiv Z \circ P_1^n.$$

显然 f' 为部分递归函数且对于任意 $x_1, \cdots, x_n \in \mathbb{N}$,

$$f'(x_1, \cdots, x_n) = \begin{cases} g_1(x_1, \cdots, x_n, \underbrace{0, \cdots, 0}_{k-n \text{ 个 } 0}), & \text{若 } g_1(x_1, \cdots, x_n, 0, \cdots, 0) \text{ 有定义}, \\ \uparrow, & \text{否则} \end{cases}$$

$$= \begin{cases} f(x_1, \cdots, x_n), & \text{若 } f(x_1, \cdots, x_n) \text{ 有定义}, \\ \uparrow, & \text{否则}. \end{cases}$$

所以函数 f 也是部分递归函数. □

定理 2.12　算盘机 A_k，其中 $k \in \mathbb{N}^+$，是递归可定义的.

证明　根据定义 2.6，$\rho(A_k) = k$. 令 $F \equiv (f_1, \cdots, f_k)$，其中

$$f_i \equiv \begin{cases} P_i^k, & \text{若 } i = 1, 2, \cdots, k-1, \\ S \circ P_k^k, & \text{若 } i = k. \end{cases}$$

显然 $f_1, \cdots, f_k$ 都是一般递归函数，于是 F 递归定义了算盘机 A_k. □

定理 2.13　算盘机 S_k 是递归可定义的，其中 $k \in \mathbb{N}^+$.

证明　根据定义 2.6，$\rho(S_k) = k$，令 $F \equiv (f_1, \cdots, f_k)$，其中

$$f_i \equiv \begin{cases} P_i^k, & \text{若 } i = 1, 2, \cdots, k-1, \\ \operatorname{pred} \circ P_k^k, & \text{若 } i = k. \end{cases}$$

根据引理 1.39 知 $\operatorname{pred} : \mathbb{N} \to \mathbb{N}$ 是原始递归函数，因此 $f_1, \cdots, f_k$ 都是一般递归函数. 于是 F 递归定义了算盘机 S_k. □

引理 2.14　设 $M \in \mathrm{AM}, n \in \mathbb{N}$ 且 $n \geqslant \rho(M)$. 若 M 是递归可定义的，则存在递归可计算函数 $G : \mathbb{N}^n \to \mathbb{N}^n$，使得对于任意格局 $\xi \in \Sigma$，都有

$$G([\xi]_1, \cdots, [\xi]_n) = \begin{cases} ([\xi M]_1, \cdots, [\xi M]_n), & \text{若 } \xi M \text{ 有定义}, \\ \uparrow, & \text{否则}. \end{cases}$$

证明　设 $k = \rho(M)$，设 $F \equiv (f_1, \cdots, f_k)$ 递归定义了 M. 定义 $G : \mathbb{N}^n \to \mathbb{N}^n$ 为 $G \equiv (g_1, \cdots, g_n)$ 且

$$g_i \equiv \begin{cases} \operatorname{Comp}_k^n[f_i, P_1^n, \cdots, P_k^n], & \text{若 } 1 \leqslant i \leqslant k, \\ \operatorname{Comp}_2^n[\operatorname{add}, P_i^n, Z \circ g_1], & \text{若 } k < i \leqslant n. \end{cases}$$

注意，我们通过在 $g_i(k < i \leqslant n)$ 的定义中加入冗余项来使其和 g_1 及 f_1 具有相

同的定义域. 于是对于任意 $\xi \in \Sigma$, 都有

$$g_i([\xi]_1, \cdots, [\xi]_n) = \begin{cases} f_i([\xi]_1, \cdots, [\xi]_k), & \text{若 } 1 \leqslant i \leqslant k \text{ 且 } f_i([\xi]_1, \cdots, [\xi]_k) \text{ 有定义}, \\ \uparrow, & \text{若 } 1 \leqslant i \leqslant k \text{ 且 } f_i([\xi]_1, \cdots, [\xi]_k) \text{ 无定义}, \\ [\xi]_i, & \text{若 } k < i \leqslant n \text{ 且 } f_1([\xi]_1, \cdots, [\xi]_k) \text{ 有定义}, \\ \uparrow, & \text{若 } k < i \leqslant n \text{ 且 } f_1([\xi]_1, \cdots, [\xi]_k) \text{ 有定义} \end{cases}$$

$$= \begin{cases} [\xi M]_i, & \text{若 } \xi M \text{ 有定义}, \\ \uparrow, & \text{否则}. \end{cases}$$

$\square$

定义 2.11 设 $p, q, r \in \mathbb{N}^+$, 设 $F: \mathbb{N}^r \to \mathbb{N}^q$, $G: \mathbb{N}^p \to \mathbb{N}^r$, F, G 都是递归可计算的且

$$F \equiv (f_1, \cdots, f_q),$$
$$G \equiv (g_1, \cdots, g_r),$$

其中 $f_1, \cdots, f_q: \mathbb{N}^r \to \mathbb{N}, g_1, \cdots, g_r: \mathbb{N}^p \to \mathbb{N}$ 都是部分递归函数. F 和 G 的复合为函数 $R: \mathbb{N}^p \to \mathbb{N}^q$, 定义为 $R \equiv (r_1, \cdots, r_q)$ 且

$$r_i: \mathbb{N}^p \to \mathbb{N} \equiv \text{Comp}_r^p[f_i, g_1, g_2, \cdots, g_r].$$

用符号表示为 $R = F \circ G$. 显然, R 也是递归可计算的, 且 $R(\vec{x}) = F(G(\vec{x}))$.

定理 2.15 若算盘机 $M_1, M_2 \in \text{AM}$ 是递归可定义的, 则算盘机 $M = M_1 M_2$ 也是递归可定义的.

证明 令 $n = \rho(M) = \max(\rho(M_1), \rho(M_2))$. 因为 M_1 和 M_2 是递归可定义的, 根据引理 2.14, 存在递归可计算函数 $F, G: \mathbb{N}^n \to \mathbb{N}^n$, 使得对于任意 $\xi \in \Sigma$, 都有

$$F([\xi]_1, \cdots, [\xi]_n) = \begin{cases} ([\xi M_1]_1, \cdots, [\xi M_1]_n), & \text{若 } \xi M_1 \text{ 有定义}, \\ \uparrow, & \text{否则}, \end{cases}$$

$$G([\xi]_1, \cdots, [\xi]_n) = \begin{cases} ([\xi M_2]_1, \cdots, [\xi M_2]_n), & \text{若 } \xi M_2 \text{ 有定义}, \\ \uparrow, & \text{否则}. \end{cases}$$

定义 $H: \mathbb{N}^n \to \mathbb{N}^n$ 为 $H \equiv G \circ F$, 则对于任意 $\xi \in \Sigma$,

$$H([\xi]_1, \cdots, [\xi]_n) = G(F([\xi]_1, \cdots, [\xi]_n))$$
$$= \begin{cases} G([\xi M_1]_1, \cdots, [\xi M_1]_n), & \text{若 } \xi M_1 \text{ 有定义}, \\ \uparrow, & \text{否则} \end{cases}$$
$$= \begin{cases} ([\xi M_1 M_2]_1, \cdots, [\xi M_1 M_2]_n), & \text{若 } \xi M_1 M_2 \text{ 有定义}, \\ \uparrow, & \text{否则}. \end{cases}$$

因此 H 递归定义了算盘机 $M = M_1 M_2$. □

引理 2.16 设 $m, n \in \mathbb{N}^+$, $F: \mathbb{N}^n \to \mathbb{N}^m$ 是递归可计算的, 令 $g: \mathbb{N}^n \to \mathbb{N}$ 定义为

$$g(\vec{x}) = P_k^m(F(\vec{x})),$$

即

$$g = P_k^m \circ F,$$

则 g 是部分递归函数.

证明 设 $F \equiv (f_1, \cdots, f_m)$, 则对于任意 $x_1, \cdots, x_n \in \mathbb{N}$,

$$g(x_1, \cdots, x_n) = P_k^m(f_1(x_1, \cdots, x_n), \cdots, f_m(x_1, \cdots, x_n))$$
$$= f_k(x_1, \cdots, x_n),$$

因此 g 是部分递归函数. □

引理 2.17 设 $n \in \mathbb{N}^+, F: \mathbb{N}^n \to \mathbb{N}^n$, 定义 $H: \mathbb{N}^{n+1} \to \mathbb{N}^n$ 为

$$H(\vec{x}, 0) = \vec{x},$$
$$H(\vec{x}, t+1) = F(H(\vec{x}, t)),$$

即

$$H(\vec{x}, t) = F^t(\vec{x}).$$

若 F 是递归可计算的, 则 H 也是递归可计算的.

证明 令 $j: \mathbb{N}^n \to \mathbb{N}, \pi_1, \cdots, \pi_n : \mathbb{N} \to \mathbb{N}$ 定义为

$$j(x_1, \cdots, x_n) = \prod_{i=0}^{n} [p_i^{x_i}],$$

$$\pi_i(z) = \mathrm{ep}_i(z), \quad i = 1, 2, \cdots, n.$$

显然 $j, \pi_1, \cdots, \pi_n$ 都是一般递归函数, 且构成多元配对函数组. 对于任意 $\vec{x} = (x_1, \cdots, x_n) \in \mathbb{N}^n$, 都有

$$\pi_i(j(x_1, \cdots, x_n)) = x_i, \quad i = 1, 2, \cdots, n, \tag{2.1}$$

$$\vec{x} = (\pi_1(j(\vec{x})), \cdots, \pi_n(j(\vec{x}))). \tag{2.2}$$

设 $F \equiv (f_1, \cdots, f_n)$, 其中 $f_1, \cdots, f_n : \mathbb{N}^n \to \mathbb{N}$ 都是部分递归函数. 令

$$g_i : \mathbb{N} \to \mathbb{N} \equiv \mathrm{Comp}_n^1[f_i, \pi_1, \cdots, \pi_n], \quad i = 1, 2, \cdots, n,$$

$$g : \mathbb{N} \to \mathbb{N} \equiv \mathrm{Comp}_n^1[j, g_1, \cdots, g_n].$$

显然 g 是部分递归函数.

下面我们来证明对于任意 $t \in \mathbb{N}$, 都有

$$\forall \vec{x} \in \mathbb{N}^n . j(F^t(\vec{x})) = g^t(j(\vec{x})). \tag{2.3}$$

以下对 t 作归纳.

对于 $t = 0$, 式 (2.3) 显然成立.

假设式 (2.3) 对于 $t = k$ 成立, 设

$$j(F^k(\vec{x})) = g^k(j(\vec{x})) = X.$$

对于 $t = k + 1$,

$$\begin{aligned}
j(F^{k+1}(\vec{x})) &= j(F(F^k(\vec{x}))) \\
&= j(F(\pi_1(j(F^k(\vec{x}))), \cdots, \pi_n(j(F^k(\vec{x}))))) && \text{根据式 (2.2)} \\
&= j(F(\pi_1(X), \cdots, \pi_n(X))) && \text{根据 I.H.} \\
&= j(f_1(\pi_1(X), \cdots, \pi_n(X)), \cdots, f_n(\pi_1(X), \cdots, \pi_n(X))) \\
&= j(g_1(X), \cdots, g_n(X)) && \text{根据 } g_i \text{ 的定义} \\
&= g(X) && \text{根据 } g \text{ 的定义} \\
&= g(g^k(j(\vec{x}))) && \text{根据 I.H.} \\
&= g^{k+1}(j(\vec{x}))
\end{aligned}$$

综上所述, 式 (2.3) 对于所有 $t \in \mathbb{N}$ 成立.

令 $h_i : \mathbb{N}^{n+1} \to \mathbb{N}$ 定义为

$$h_i \equiv \pi_i \circ \mathrm{Comp}_2^{n+1}[\mathrm{It}\,[g], \mathrm{Comp}_n^{n+1}[j, P_1^{n+1}, \cdots, P_n^{n+1}], P_{n+1}^{n+1}]$$

显然 h_i 为部分递归函数, 且对于任意 $\vec{x} \in \mathbb{N}^n$ 和 $t \in \mathbb{N}$,

$$\begin{aligned} h_i(\vec{x}, t) &= \pi_i(g^t(j(\vec{x}))) \\ &= \pi_i(j(F^t(\vec{x}))). \end{aligned} \quad \text{根据式 (2.3)}$$

令 $H \equiv (h_1, \cdots, h_n)$, 则 H 是递归可计算的, 且对于任意 $\vec{x} \in \mathbb{N}^n$ 和 $t \in \mathbb{N}$,

$$\begin{aligned} H(\vec{x}, t) &= (h_1(\vec{x}, t), \cdots, h_n(\vec{x}, t)) \\ &= (\pi_1(j(F^t(\vec{x}))), \cdots, \pi_n(j(F^t(\vec{x})))) \\ &= F^t(\vec{x}). \end{aligned} \quad \text{根据式 (2.2)}$$

$\square$

定理 2.18 若算盘机 $M \in \mathrm{AM}$ 是递归可定义的, 则对任何 $k \in \mathbb{N}^+$, 算盘机 $\langle M \rangle_k$ 也是递归可定义的.

证明 令 $n = \rho(\langle M \rangle_k) = \max(k, \rho(M))$. 因为 M 是递归可定义的, 根据引理 2.14, 存在递归可计算函数 $F : \mathbb{N}^n \to \mathbb{N}^n$, 使得对于任意 $\xi \in \Sigma$, 都有

$$F([\xi]_1, \cdots, [\xi]_n) = \begin{cases} ([\xi M]_1, \cdots, [\xi M]_n), & \text{若 } \xi M \text{ 有定义,} \\ \uparrow, & \text{否则.} \end{cases}$$

令 $G : \mathbb{N}^{n+1} \to \mathbb{N}^n$ 定义为

$$G(\vec{x}, y) = F^y(\vec{x}),$$

根据引理 2.17, G 是递归可计算的. 对 y 作归纳可证明, 对于任意 $y \in \mathbb{N}$ 和任意 $\xi \in \Sigma$,

$$G([\xi]_1, \cdots, [\xi]_n, y) = \begin{cases} ([\xi M^y]_1, \cdots, [\xi M^y]_n), & \text{若 } \xi M^y \text{ 有定义,} \\ \uparrow, & \text{否则.} \end{cases} \quad (2.4)$$

令 $h' : \mathbb{N}^{n+1} \to \mathbb{N}$ 定义为

$$h'(\vec{x}, y) = P_k^n(G(\vec{x}, y)),$$

根据引理 2.16, h' 是部分递归函数. 根据式 (2.4), 对于任意 $\xi \in \Sigma$ 和 $y \in \mathbb{N}$,

$$h'([\xi]_1, \cdots, [\xi]_n, y) = \begin{cases} [\xi M^y]_k, & \text{若 } \xi M^y \text{ 有定义}, \\ \uparrow, & \text{否则}. \end{cases} \tag{2.5}$$

令 $h : \mathbb{N}^n \to \mathbb{N}$ 定义为

$$h(\vec{x}) = \mu\, y.\, [P_k^n(h'(\vec{x}, y))],$$

则 h 为部分递归函数.

事实上, $h(\vec{x})$ 得到的是使 $F^y(\vec{x})$ 的第 k 个分量为 0 的最小的 y. 根据式 (2.5), 对于任意 $\xi \in \Sigma$,

$$h([\xi]_1, \cdots, [\xi]_n) = \begin{cases} t, & \text{若 } t = \mu\, y.\, [[\xi M^y]_k] \text{ 有定义}, \\ \uparrow, & \text{否则}. \end{cases} \tag{2.6}$$

定义 $K : \mathbb{N}^n \to \mathbb{N}^{n+1}$ 为

$$K \equiv (P_1^n, \cdots, P_n^n, h),$$

则 K 是递归可计算的.

设 $W : \mathbb{N}^n \to \mathbb{N}^n \equiv \mathrm{Comp}\,[G, K]$, 于是

$$W(\vec{x}) = G(K(\vec{x})) \\ = G(\vec{x}, h(\vec{x})).$$

因此, 对于任意 $\xi \in \Sigma$,

$W([\xi]_1, \cdots, [\xi]_n) = G([\xi]_1, \cdots, [\xi]_n, h([\xi]_1, \cdots, [\xi]_n))$

$$= \begin{cases} G([\xi]_1, \cdots, [\xi]_n, t), & \text{若 } t = \mu\, y.\, [[\xi M^y]_k] \text{ 有定义}, \\ \uparrow, & \text{否则} \end{cases} \quad \text{根据式 (2.6)}$$

$$= \begin{cases} ([\xi M^t]_1, \cdots, [\xi M^t]_n), & \text{若 } t = \mu\, y.\, [[\xi M^y]_k] \text{ 有定义}, \\ \uparrow, & \text{否则}. \end{cases} \quad \text{根据式 (2.4)}$$

根据定义 2.4 和定义 2.10 知 W 递归定义了 $\langle M \rangle_k$. □

定理 2.19 所有的算盘机 $M \in \mathrm{AM}$ 都是递归可定义的.

证明 根据定理 2.12、定理 2.13、定理 2.15 和定理 2.18, 对 AM 的结构作归纳证明即可. □

由定理 2.11 和定理 2.19 直接可得到推论 2.20.

推论 2.20 设 $n \in \mathbb{N}^+$, 若函数 $f : \mathbb{N}^n \to \mathbb{N}$ 是算盘机可计算的, 则 f 是部分递归函数.

根据推论 2.10 和推论 2.20 可得下述定理.

定理 2.21 设 $n \in \mathbb{N}^+$, 函数 $f : \mathbb{N}^n \to \mathbb{N}$ 是算盘机可计算的当且仅当 f 是部分递归函数.

以上证明了算盘机的计算能力等同于递归函数的计算能力, 而 Turing 在 [Tur37] 中证明了 Turing 机的计算能力等同于递归函数的计算能力, 从而算盘机与 Turing 机的计算能力相同. 故算盘机是一种计算模型.

习 题

2.1 构造 AM 计算函数 $f(x) = 2x$.
2.2 构造 AM 计算函数 $f(x) = \lfloor x/2 \rfloor$.
2.3 构造 AM 计算函数 $f(x, y) = x \cdot y$.
2.4 构造 AM 计算函数 $f(x) = 2^x$.
2.5 设 $f : \mathbb{N} \to \mathbb{N}$ 且 $F \in AM$ 计算函数 f, 构造算盘机 G 使得

$$(0, 0, 0, \cdots, 0, \cdots)G = \begin{cases} (a, 0, 0, \cdots), & \text{若 } a \text{ 为 } f \text{ 的最小根}, \\ \uparrow, & \text{若} f \text{ 无根}. \end{cases}$$

第三章 λ-演算

在 18 世纪初,现代数学取得了辉煌的成果.G. W. Leibniz(1646—1716) 是当时的杰出者,他是微积分学的创始人之一.作为数学家和哲学家,他为推动数理逻辑的发展也作出过重大的贡献.Leibniz 曾有一个宏伟的理想:

1. 建立一种通用语言,使得所有的问题能在其中表述;
2. 找出一种判定方法,解答所有在通用语言中表述的问题.

人们为实现这一理想付出了很多努力,直至 20 世纪才出现一些重要成果.谓词逻辑和集合论的建立实际上完成了 Leibniz 的第一个理想,这归功于一些一流的数学家,如 Frege, Cantor, Russell, Hilbert 和 Gödel.Leibniz 的第二个理想成为了一个哲学问题:"是否存在一种通用的判定方法求解所有用通用语言表述的问题呢?"这就是所谓的 Entscheidungsproblem[①].

在 1936 年,Church 和 Turing 独立地给出了这个问题的否定答案.为了解决此问题,他们以不同的方式形式化定义了"可判定"的概念(或者"可计算"的概念).事实上,他们给出了两种不同的计算模型:Turing 发明了一组机器——"Turing 机",并以此定义可计算性 [Tur36];Church 发明了一个形式系统——"λ-演算",并以此定义了可计算性 [Chu32].就这样,λ-演算问世了.

当初建立 λ-演算以及相关的组合逻辑旨在发展一个一般的函数理论,从而刻画由函数或算子组合成其他算子的最基本的内容,以及扩展此理论使它具有逻辑概念,从而为逻辑甚至数学提供基础.事实上,λ-演算的确是"函数的理论",它的语法说明了函数是怎样被构造的;而它的形式系统提供了函数相等性、函数定义和函数作用的公理化.然而,λ-演算不能胜任为数学提供基础.Kleene 和 Rosser 在 1935 年曾证明了 Church 原来的系统是不相容的;Curry 曾给出了一个相容的组合逻辑系统,但太弱而不足以成为数学的基础;Church 在 1941 年给出了一个相容的系统,但其仅能处理函数;后来 Curry 及其学生在这方面做了很多工作,比如扩张纯组合逻辑.

λ-演算与递归论密切相关.Church 利用 λ-可定义性形式化"能行可计算"的概念;Kleene 证明了 λ-可定义性等价于 Gödel 的递归性 [Kle36];

[①] 德语,意思是"判定问题".

Turing 证明了 $\lambda-$可定义性等价于 Turing 可计算性 [Tur37]; 递归论中的一些定理 (如 s-m-n 定理) 的发现也受到 $\lambda-$演算的启示.

现在的 von Neumann 体系的计算机是基于 Turing 机的概念, 理论上说它们都是带有 random access registers 的 Turing 机. 过程式程序设计语言, 比如 FORTRAN, Pascal 等, 正是基于 Turing 机的被指示 (Imperative) 的方式, 而函数式程序设计语言, 如 ML, HOPE, MIRANDA 和 HASKELL 是基于 $\lambda-$演算的, 化归机则是为了执行这些函数式语言而作. 从某种观点来看, $\lambda-$演算就是一种函数式程序设计语言. 有关函数式程序设计语言与 $\lambda-$演算的关系, 请参见 [Bar90].

$\lambda-$演算对 ALGOL 60, Pascal 编程语言等也产生过影响. 例如在这些编程语言中, 一个过程或函数可以作为另一个过程或函数的参数, 这就是受到了 $\lambda-$演算的影响. 由于 $\lambda-$演算和程序设计语言的密切关系, 人们把 $\lambda-$演算的模型论应用到程序设计语言的语义学中. D. Scott 建立的 $\lambda-$演算模型使得程序设计语言的指称语义学得到了蓬勃的发展, 参见 [Sco82].

§3.1 $\lambda-$演算的语法

我们先给出 $\lambda-$演算的直观描述. $\lambda-$演算有两种基本运算: 作用 (application) 与抽象 (abstract).

表达式 FA 表示对象 F 作用于对象 A, FA 既可被理解为计算 FA 的过程, 也可被理解为此过程的输出. $\lambda-$演算是无类型系统, 从而自作用 FF 是合法的, 这将模拟递归.

在抽象运算中, 记号 λ 将被引入. 对于数学式 x^2, $\lambda x. x^2$ 表示函数 $x \mapsto x^2$. 一般来说, 若 $M[x]$ 为表达式, 则 $\lambda x. M[x]$ 表示函数 $x \mapsto M[x]$.

把作用与抽象结合起来就有方程

$$(\lambda x. M[x])N = M[x := N].$$

这一方程便是 §3.2 节要讨论的 $\beta-$转换. 这里 $M[x := N]$ 表示在 M 中将所有 "自由出现" 的 x 替换为 N 所得到的结果[1].

$\lambda-$演算只讨论一元函数, 这是因为多元函数可通过重复作用一元函数的运

---

[1] 事实上, 替换过程中 N 的表达式也可能要改变, 这一点将在后文详细说明.

算而得到, 这是由 Schönfinkel 首先提出的. 以二元函数为例, 对于 $f(x,y)$, 定义

$$F_x = \lambda y.\, f(x,y),$$
$$F = \lambda x.\, F_x.$$

从而
$$(Fx)y = F_x y = f(x,y).$$

现在我们给出 λ-演算的形式描述.

定义 3.1 λ-演算的字母表由以下组成:
(1) 变元集合 $\nabla = \{v, v', v'', v''', \cdots\}$, 该集合无穷;
(2) 抽象算子 λ;
(3) 括号 "(" 和 ")".

定义 3.2 λ-项的集合 Λ 归纳定义为满足以下条件的最小集合:
(1) $x \in \nabla \Rightarrow x \in \Lambda$;
(2) $M, N \in \Lambda \Rightarrow (MN) \in \Lambda$;
(3) $M \in \Lambda, x \in \nabla \Rightarrow (\lambda x.\, M) \in \Lambda$.

若用 BNF[①]表示, 则有

$$\nabla ::= v \mid \nabla',$$
$$\Lambda ::= \nabla \mid (\Lambda\Lambda) \mid (\lambda\nabla\Lambda).$$

例 3.1 v'', $(\lambda v'.\, (v'v'))$, $(v'(\lambda v''.\, v'))$ 为 λ-项.

约定 3.3 我们做以下约定:
(1) $x, y, z, \cdots$ 表示任意变元;
(2) $M, N, L, \cdots$ 表示任意 λ-项;
(3) $M \equiv N$ 表示 M 和 N 语法恒同;
(4) 通常采用以下省略括号表示法:
  i. 左结合: $FM_1 M_2 \cdots M_n \equiv (\cdots((FM_1)M_2)\cdots M_n)$.
  ii. $\lambda x_1 x_2 \cdots x_n.\, M \equiv (\lambda x_1(\lambda x_2(\cdots(\lambda x_n M)\cdots)))$.
(5) 设 $P \equiv MN_1 \cdots N_k$, 其中 $k \geqslant 0$, 当 $k = 0$ 时, $P \equiv M$;
(6) 设 $P \equiv \lambda x_1 \cdots x_k.\, M$, 其中 $k \geqslant 0$, 当 $k = 0$ 时, $P \equiv M$.

---
① Backus Naur Form

为了展开 λ−演算, 需要定义一些术语.

定义 3.4 (λ−项的长度) 设 $M \in \Lambda, M$ 的长度 $\rho(M)$ 被定义为 M 中变元出现的次数, 即

(1) $\rho(x) = 1$, 其中 $x \in \nabla$;
(2) $\rho(MN) = \rho(M) + \rho(N)$, 其中 $M, N \in \Lambda$;
(3) $\rho(\lambda x. M) = \rho(M) + 1$, 其中 $x \in \nabla, M \in \Lambda$.

以后我们说对 λ−项 M 的结构作归纳是指对 M 的长度 $\rho(M)$ 作归纳, 这是自然数上的归纳.

定义 3.5 设 $M \in \Lambda$, 对 M 的结构作归纳, 定义 M 的子项集合 $\mathrm{sub}(M)$ 如下:

(1) $\mathrm{sub}(x) = \{x\}$;
(2) $\mathrm{sub}(N_1 N_2) = \mathrm{sub}(N_1) \cup \mathrm{sub}(N_2) \cup \{N_1 N_2\}$;
(3) $\mathrm{sub}(\lambda x. N) = \mathrm{sub}(N) \cup \{\lambda x. N\}$.

若 $N \in \mathrm{sub}(M)$, 则称 N 为 M 的子项. 注意,[Hin86] 中子项的定义与这里不同.

例 3.2 y 为 $\lambda x. yy$ 的子项, 但是 x 不是 $\lambda x. yy$ 的子项.

定义 3.6 设 $M \in \Lambda$,
(1) M 的自由变元集合 $\mathrm{FV}(M)$ 归纳定义为

$$\mathrm{FV}(x) = \{x\},$$
$$\mathrm{FV}(N_1 N_2) = \mathrm{FV}(N_1) \cup \mathrm{FV}(N_2),$$
$$\mathrm{FV}(\lambda x. N) = \mathrm{FV}(N) - \{x\};$$

(2) 若 x 出现于 M 中, 且 $x \in \mathrm{FV}(M)$, 则称 x 是自由变元 (free variable);
(3) 若 x 出现于 M 中, 且 $x \notin \mathrm{FV}(M)$, 则称 x 是约束变元 (bounded variable);
(4) 若 $\mathrm{FV}(M)$ 为空集, 则称 M 为闭 λ−项 (closed λ−term) 或组合子 (combinator), 且用 Λ° 表示全体闭 λ−项的集合.

既然有了约束变元, 就要处理其改名问题.

定义 3.7 (约束变元的改名) 设 $\lambda x. M \in \mathrm{sub}(P)$, 且 y 为新变元 (即未曾使用过的变元), 在 P 中由 $\lambda y. M[x := y]$ 替代 $\lambda x. M$ 的过程称为 P 中约束变

元的改名.

若 Q 可由 P 经过若干次约束变元的改名而得到, 则称 P 可 α-转换到 Q, 记作 $P \equiv_\alpha Q$.

例 3.3 $\lambda xy.\, x(xy) \equiv_\alpha \lambda vu.\, v(vu)$.

命题 3.1

(1) $M \equiv_\alpha N \Rightarrow \mathrm{FV}(M) = \mathrm{FV}(N)$;

(2) $\equiv_\alpha$ 是等价关系;

(3) 对任何 M, 存在 M', 使得 $M \equiv_\alpha M'$ 且 M' 中的所有约束变元异于其中的自由变元.

由于当 $M \equiv_\alpha N$ 时, 从语义角度看, M 与 M' 具有相同的解释, 故也可令 M 在语法上恒同于 M', 因而有约定 3.8.

约定 3.8   若 $M \equiv_\alpha M'$, 则 $M \equiv M'$.

根据命题 3.1 的 (3), 可作所谓的变元约定.

约定 3.9 (变元约定)   若 $M_1, M_2, \cdots, M_n$ 出现在某个数学表述过程中, 则在这些项中所有的约束变元不同于其中的自由变元.

定义 3.10   用 $M[x := N]$ 表示将 M 中所有自由出现的 x 用 N 替代后所得到的结果, 该结果被归纳定义如下:

(1) $x[x := N] \equiv N$;

(2) $y[x := N] \equiv y$, 这里 $x \not\equiv y$;

(3) $(M_1 M_2)[x := N] \equiv (M_1[x := N])(M_2[x := N])$;

(4) $(\lambda y.\, M_1)[x := N] \equiv \lambda y.\, M_1[x := N]$.

注意, 在 (4) 中不需要加上条件 $y \not\equiv x$ 且 $y \notin \mathrm{FV}(N)$, 因为约定 3.9 保证了这些条件的成立.

引理 3.2   (1) $M[x := x] \equiv M$;

(2) $x \notin \mathrm{FV}(M) \Rightarrow M[x := N] \equiv M$;

(3) $x \in \mathrm{FV}(M) \Rightarrow \mathrm{FV}(M[x := N]) = \mathrm{FV}(N) \cup (\mathrm{FV}(M) - \{x\})$;

(4) $\rho(M[x := y]) = \rho(M)$.

引理 3.3 (替换引理) 若 $x \not\equiv y$ 且 $x \notin \mathrm{FV}(L)$，则
$$M[x := N][y := L] \equiv (M[y := L])[x := N[y := L]].$$

证明 令 $M^* = M[x := N][y := L]$，$M^\circ = (M[y := L])[x := N[y := L]]$. 对 M 的结构作归纳证明见表 3.1.

表 3.1 对 M 的结构作归纳证明

M	M^*	M°
x	$N[y := L]$	$N[y := L]$
y	L	L
z	z	z
PQ	$P^* Q^*$	$P^\circ Q^\circ$
$\lambda z. P$	$\lambda z. P^*$	$\lambda z. P^\circ$

□

§3.2 转　　换

§3.1 节给出了 λ–演算的语法. 本节将讨论 λ–项之间的可转换性关系, 它们是 λ–项之间的基本等价关系. 下面将用形式系统去刻画这些关系, 从而建立 λ–演算的形式理论.

定义 3.11 若 $M, N \in \Lambda$，则称 $M = N$ 为 λ–公式.

定义 3.12 形式理论 λβ 由以下的公理和规则组成:

公理：
$$M = M, \tag{ρ}$$
$$(\lambda x. M)N = M[x := N]. \tag{β}$$

规则：
$$\frac{M = N}{N = M}, \tag{σ}$$

$$\frac{M = N \quad N = L}{M = L}, \tag{τ}$$

$$\frac{M = N}{ZM = ZN}, \tag{μ}$$

$$\frac{M = N}{MZ = NZ}, \tag{ν}$$

$$\frac{M = N}{\lambda x. M = \lambda x. N}, \tag{ξ}$$

设 φ 为公式, 若存在公式序列 $\varphi_0, \varphi_1, \cdots, \varphi_n$, 其中 φ_n 为 φ 且对于任何 $i \leqslant n$, 满足

(1) φ_i 为公理; 或

(2) 存在 $k < i$ 使 φ_i 由其前 φ_k 实施规则 $(\sigma), (\mu), (\nu)$ 和 (ξ) 之一而得; 或

(3) 存在 $k, l < i$ 使 φ_i 由其前 φ_k 与 φ_l 实施规则 (τ) 而得.

则称公式 φ 在 $\lambda\beta$ 中可证, $\varphi_0, \varphi_1, \cdots, \varphi_n$ 为 φ 的证明过程, 以及 n 为证明长度. 以下常提及对 φ 的证明过程的长度作归纳.

公式 $M = N$ 在形式理论 $\lambda\beta$ 中可证, 记为 $\lambda\beta \vdash M = N$, 有时简记为 $M = N$, 这时称 M 可 β-转换到 N.

上面的公理和规则的名称来源于 [Cur58]. 在 Curry 的著作以及其他一些 λ-演算的著作中, 公理

$$\lambda x. M = \lambda y. M[x := y] \quad (\text{其中 } y \text{ 不出现于 } M \text{ 中}) \tag{α}$$

被加入于形式理论. 公理 (α) 就表示了所谓的 α-转换 [Cur58].

然而本书采用变元约定, 从而 $\lambda x. M \equiv \lambda y. M[x := y]$, 故 α-转换就不必加入形式理论 $\lambda\beta$ 之中. 注意, 这样的恒同关系是由人脑完成的, 若在计算机上实现 λ-演算, 则必须处理 α-转换. de Bruijn 在研制 Automath 中提出的无名记法是处理 α-转换的好方法 [dB80].

引理 3.4 (1) $\lambda\beta \vdash M = N \Rightarrow \lambda\beta \vdash M[x := L] = N[x := L]$;

(2) $\lambda\beta \vdash M = N \Rightarrow \lambda\beta \vdash L[x := M] = L[x := N]$.

证明

(1)

$$\begin{aligned}
M = N &\Rightarrow \lambda x. M = \lambda x. N & &\text{根据 } (\xi)\\
&\Rightarrow (\lambda x. M)L = (\lambda x. N)L & &\text{根据 } (\nu)\\
&\Rightarrow M[x := L] = N[x := L]; & &\text{根据 } (\beta), (\sigma), (\tau)
\end{aligned}$$

(2)

$$\begin{aligned}
M = N &\Rightarrow (\lambda x. L)M = (\lambda x. L)N & &\text{根据 } (\mu)\\
&\Rightarrow L[x := M] = L[x := N]. & &\text{根据 } (\beta), (\sigma), (\tau)
\end{aligned}$$

$\square$

命题 3.5

$$\lambda\beta \vdash (\lambda x_1 \cdots x_n. M)Z_1 \cdots Z_n = M[x_1 := Z_1]\cdots[x_n := Z_n].$$

证明 由公理 (β) 得

$$(\lambda x_1. M)x_1 = M[x_1 := x_1] \equiv M.$$

归纳可得

$$(\lambda x_1 \cdots x_n. M)x_1 \cdots x_n = M.$$

根据引理 3.4, 在公式两边逐个作代入后得到结果. □

推论 3.6 设 $M \in \Lambda$ 且 $\mathrm{FV}(M) = \{x_1, \cdots, x_n\}$, 则

$$\exists F \in \Lambda^\circ. \, Fx_1 \cdots x_n = M.$$

证明 取 $F = \lambda x_1 \cdots x_n. M$ 即可. □

定义 3.13 (标准组合子) 定义:

$$I \equiv \lambda x. x,$$
$$K \equiv \lambda xy. x,$$
$$K^* \equiv \lambda xy. y,$$
$$S \equiv \lambda xyz. xz(yz).$$

由命题 3.5 得

$$IM = M,$$
$$KMN = M,$$
$$K^*MN = N,$$
$$SMNL = ML(NL).$$

在数学中, 函数的相等性是外延的, 即如果对于所有的 x 都有 $f(x) = g(x)$, 则 $f = g$.

在形式理论 $\lambda\beta$ 中, 假设对于任何的 L 有 $ML = NL$, 那么有 $M = N$ 吗? 回答是否定的. 取 $M \equiv x, N \equiv \lambda y. xy$, 则有 $ML = NL$, 但没有 $\lambda\beta \vdash x = \lambda y. xy$. 因此需要扩展 $\lambda\beta$ 形式理论.

定义 3.14 形式理论 $\lambda\beta + \text{ext}$ 是在形式理论 $\lambda\beta$ 中加入下述规则 (ext):

$$(\text{ext}) \quad \frac{Mx = Nx}{M = N}, \text{其中 } x \notin \text{FV}(MN).$$

形式理论 $\lambda\beta\eta$ 是在形式理论 $\lambda\beta$ 中加入下述公理 (η):

$$(\eta) \quad \lambda x.Mx = M, \text{其中 } x \notin \text{FV}(M).$$

公理 (η) 就表示了所谓的 η-转换.

定理 3.7 (Curry) 形式理论 $\lambda\beta + \text{ext}$ 等价于形式理论 $\lambda\beta\eta$.

证明 只需证
(1) $\lambda\beta + \text{ext} \vdash (\eta)$; 以及
(2) 若 $\lambda\beta\eta \vdash Mx = Nx$ 则 $\lambda\beta\eta \vdash M = N$.
证明如下:
(1) 设 $x \notin \text{FV}(M)$, 因为

$$\lambda\beta \vdash (\lambda x.Mx)x = Mx,$$

所以

$$\lambda\beta + \text{ext} \vdash \lambda x.Mx = M.$$

(2) 设 $\lambda\beta\eta \vdash Mx = Nx$, 这里 $x \notin \text{FV}(MN)$. 由 (ξ) 得

$$\lambda\beta\eta \vdash \lambda x.Mx = \lambda x.Nx.$$

从而由 (η) 得

$$\lambda\beta\eta \vdash M = N.$$

□

命题 3.8 和引理 3.4 类似, 有下述命题成立:
(1) $\lambda\beta\eta \vdash M = N \Rightarrow \lambda\beta\eta \vdash M[x := L] = N[x := L]$;
(2) $\lambda\beta\eta \vdash M = N \Rightarrow \lambda\beta\eta \vdash L[x := M] = L[x := N]$.

证明 与引理 3.4 同理可证. □

还有其他规则用于刻画外延性以及它们之间的关系, 请参见 [Sel80].

本节所引入的 λ-演算的两个形式理论 $\lambda\beta$ 和 $\lambda\beta\eta$ 是所谓的无逻辑 (logic-free) 系统, 这是因为它们无联接词, 无量词. $\lambda\beta$ 和 $\lambda\beta\eta$ 不是一阶逻辑理论, 事实上有时称它们为方程逻辑.

§3.3 归　　约

在 λ–转换中存在着某种非对称性, 例如 $(\lambda x. x + x)2 = 4$ 被解释成 "4 是计算 $(\lambda x. x + x)2$ 的结果", 反过来说则是不行的. 这样的计算特性可被写成 $(\lambda x. x + x)2 \twoheadrightarrow 4$, 说成 $(\lambda x. x + x)2$ 归约于 4.

以下将定义 Λ 上的归约关系.

定义 3.15 (合拍关系)　　设 R 是 Λ 上的一个二元关系, R 是合拍关系 (compatible relation), 是指对于任意的 $M, N \in \Lambda$, 若 $(M, N) \in R$, 则

$$\forall Z \in \Lambda. (ZM, ZN) \in R,$$
$$\forall Z \in \Lambda. (MZ, NZ) \in R,$$
$$\forall x \in \nabla. (\lambda x. M, \lambda x. N) \in R.$$

定义 3.16 (归约关系)　　设 R 是 Λ 上的一个二元关系, R 是归约关系 (reduction relation), 是指 R 是合拍的、自反的和传递的.

定义 3.17 (同余关系)　　设 R 是 Λ 上的一个二元关系, R 是同余关系 (congruence relation), 是指 R 是合拍的等价关系.

定义 3.18 (一步 R– 归约)　　设 R 是 Λ 上的一个二元关系, 归纳定义二元关系 $\to_R$ 如下:

(1) 对于任何 $M, N \in \Lambda$, 若 $(M, N) \in R$, 则 $M \to_R N$;

(2) $\to_R$ 是合拍的, 即若 $M \to_R N$, 则

$$\forall Z \in \Lambda. MZ \to_R NZ,$$
$$\forall Z \in \Lambda. ZM \to_R ZN,$$
$$\forall x \in \nabla. \lambda x. M \to_R .\lambda x. N.$$

若 $M \to_R N$, 则称 M 一步 R–归约到 (one step R–reduces to) N.

定义 3.19 (R–归约)　　设 R 是 Λ 上的一个二元关系, 归纳定义二元关系 $\twoheadrightarrow_R$ 如下:

(1) 对于任何 $M, N \in \Lambda$, 若 $M \to_R N$, 则 $M \twoheadrightarrow_R N$;

(2) $\twoheadrightarrow_R$ 是自反的和传递的, 即

$$\forall M \in \Lambda. M \twoheadrightarrow_R M,$$
$$\forall M, N, L \in \Lambda. (M \twoheadrightarrow_R N \wedge N \twoheadrightarrow_R L) \Rightarrow M \twoheadrightarrow_R L.$$

若 $M \twoheadrightarrow_R N$, 则称 M $R-$归约到 ($R-$reduces to)N.

定义 3.20 ($R-$转换)   设 R 是 Λ 上的一个二元关系, 归纳定义二元关系 $=_R$ 如下:

(1) 对于任何 $M, N \in \Lambda$, 若 $M \twoheadrightarrow_R N$, 则 $M =_R N$;

(2) $=_R$ 是等价关系, 即

$$\forall M \in \Lambda. M =_R M,$$
$$\forall M, N \in \Lambda. M =_R N \Rightarrow N =_R M,$$
$$\forall M, N, L \in \Lambda. M =_R N \wedge N =_R L \Rightarrow M =_R L.$$

若 $M =_R N$, 则称 M 可 $R-$转换到 ($R-$converts to)N.

命题 3.9   设 R 是 Λ 上的一个二元关系, 则 $\rightarrow_R, \twoheadrightarrow_R$ 和 $=_R$ 都是合拍关系.

证明   由定义知 $\rightarrow_R$ 显然合拍.
$\twoheadrightarrow_R$ 和 $=_R$ 的合拍性根据其定义可直接得证. □

命题 3.10   设 R 是 Λ 上的一个二元关系, 则 $\twoheadrightarrow_R$ 是归约关系, $=_R$ 是同余关系.

证明   根据命题 3.9 和归约关系、同余关系的定义直接得证. □

表 3.2 总结了以上基于 R 定义的三种关系. 下面将针对几个具体的关系 R 定义出 $\rightarrow_R, \twoheadrightarrow_R$ 和 $=_R$.

表 3.2 $\rightarrow_R, \twoheadrightarrow_R$ 和 $=_R$ 的关系

关系	性质	读法	备注
$\rightarrow_R$	合拍	一步 $R-$归约	R 的合拍闭包
$\twoheadrightarrow_R$	归约	$R-$归约	$\rightarrow_R$ 的自反、传递闭包
$=_R$	同余	$R-$转换	$\twoheadrightarrow_R$ 的对称闭包

定义 3.21   设 β 是 Λ 上的一个二元关系, 定义为

$$\beta \equiv \{((\lambda x. M)N, M[x := N]) : M, N \in \Lambda \wedge x \in \nabla\},$$

即 β 是由公理 (β) 所定义的二元关系. 按照定义 3.18—3.20, 可分别定义下述 Λ 上的二元关系:

(1) $\rightarrow_\beta$ 称为一步 $\beta-$归约;

(2) $\twoheadrightarrow_\beta$ 称为 β-归约;

(3) $=_\beta$ 称为 β-转换.

定义 3.22 设 α 是 Λ 上的一个二元关系, 定义为

$$\alpha \equiv \{(\lambda x.\, M, \lambda y.\, M[x := y]) : M, N \in \Lambda \,\wedge\, x, y \in \nabla \,\wedge\, y \text{ 不出现于 } M \text{ 中}\},$$

即 α 是由公理 (α) 所定义的二元关系. 按照定义 3.18—3.20, 可分别定义下述 Λ 上的二元关系:

(1) $\to_\alpha$ 称为一步 α-归约;

(2) $\twoheadrightarrow_\alpha$ 称为 α-归约;

(3) $\equiv_\alpha$ 称为 α-转换.

定义 3.23 设 η 是 Λ 上的一个二元关系, 定义为

$$\eta \equiv \{(\lambda x.\, Mx, M) : M, N \in \Lambda \,\wedge\, x \in \nabla \,\wedge\, x \notin \mathrm{FV}(M)\},$$

即 η 是由公理 (η) 所定义的二元关系. 按照定义 3.18—3.20, 可分别定义下述 Λ 上的二元关系:

(1) $\to_\eta$ 称为一步 η-归约;

(2) $\twoheadrightarrow_\eta$ 称为 η-归约;

(3) $=_\eta$ 称为 η-转换.

定义 3.24 设 $\beta\eta$ 是 Λ 上的一个二元关系, 定义为

$$\beta\eta \equiv \beta \cup \eta,$$

其中 β 和 η 分别是定义 3.21 和定义 3.23 中所定义的二元关系.

按照定义 3.18—3.20, 可分别定义下述 Λ 上的二元关系:

(1) $\to_{\beta\eta}$ 称为一步 $\beta\eta$-归约;

(2) $\twoheadrightarrow_{\beta\eta}$ 称为 $\beta\eta$-归约;

(3) $=_{\beta\eta}$ 称为 $\beta\eta$-转换.

引理 3.11 设 R 是 Λ 上的一个二元关系, 则

$$\forall N_1, N_2 \in \Lambda.\, N_1 \twoheadrightarrow_R N_2 \,\Rightarrow\, \forall M \in \Lambda.\, M[x := N_1] \twoheadrightarrow_R M[x := N_2].$$

证明 利用 $\twoheadrightarrow_R$ 的合拍性, 对 M 的结构作归纳证明即可. □

注意, 引理 3.11 中的结果对 $\to_R$ 不成立, 因为替换过程可能会导致 $R-$ 可约式 (见后文定义 3.25) 被复制. 例如, 令

$$M \equiv xx,$$
$$N_1 \equiv (\lambda y.\, y)z,$$
$$N_2 \equiv z,$$

显然有 $N_1 \to_\beta N_2$, 但

$$M[x := N_1] \equiv ((\lambda y.\, y)z)((\lambda y.\, y)z) \not\to_\beta zz \equiv M[x := N_2].$$

注意, $M[x := N_1]$ 至少需要两步才能 $\beta-$ 归约到 $M[x := N_2]$.

下面给出一些 β 一步归约、β 归约和 β 转换的例子.

例 3.4 (1) $(\lambda x.\, x(xy))N \to_\beta N(Ny)$;

(2) 设 $\Omega \equiv (\lambda x.\, xx)(\lambda x.\, xx)$, 则 $\Omega \to_\beta \Omega \to_\beta \Omega \to_\beta \ldots$;

(3) 设 $L \equiv (\lambda x.\, xxy)(\lambda x.\, xxy)$, 则 $L \to_\beta Ly \to_\beta Lyy \to_\beta \ldots$;

(4) 设 $P \equiv (\lambda u.\, v)L$, 则

(4.1) $P \to_\beta v$,

(4.2) $P \to_\beta (\lambda u.\, v)(Ly) \to_\beta (\lambda u.\, v)(Lyy) \to_\beta \ldots$,

$$\begin{array}{ccc} P & \to_\beta & v \\ \downarrow_\beta & & \\ (\lambda u.\, v)(Ly) & \to_\beta & v \\ \downarrow_\beta & & \\ (\lambda u.\, v)(Lyy) & \to_\beta & v \\ \downarrow_\beta & & \\ \vdots & & \end{array}$$

下面的定理将 $=_\beta$ 和形式理论 $\lambda\beta$ 中的公式联系了起来.

定理 3.12 对于任何 $M, N \in \Lambda$,

$$M =_\beta N \Leftrightarrow \lambda\beta \vdash M = N.$$

证明 留作习题. □

同样地, 下面的定理将 $=_{\beta\eta}$ 和形式理论 $\lambda\beta\eta$ 中的公式联系了起来.

定理 3.13 对于任何 $M, N \in \Lambda$,

$$M =_{\beta\eta} N \Leftrightarrow \lambda\beta\eta \vdash M = N.$$

证明 留作习题. □

定义 3.25 设 R 是 Λ 上的一个二元关系, 对于任意 $M \in \Lambda$,

(1) 若存在 $N \in \Lambda$ 使得 $(M, N) \in R$, 则称 M 为 R–可约式 (R–redex, R reducible expression);

(2) 若 M 中不含 R–可约式形式的子项, 则称 M 为 R–范式 (R normal form, R-nf);

(3) R–范式集合记作

$$\mathrm{NF}_R = \{ M \in \Lambda : M \text{ 为 } R\text{-nf} \};$$

(4) 若存在 $N \in \mathrm{NF}_R$ 使得 $M =_R N$, 则称 M 有 R-nf.

当关系 R 分别取定义 3.21—3.24 中的关系 β、α、η 和 $\beta\eta$ 时, 可以相应地定义出下述概念:

(1) β–可约式 (β-redex), β–范式 (β-nf), β–范式集合 NF_β, M 有 β-nf;

(2) α–可约式 (α-redex), α–范式 (α-nf), α–范式集合 NF_α, M 有 α-nf;

(3) η–可约式 (η-redex), η–范式 (η-nf), η–范式集合 NF_η, M 有 η-nf;

(4) $\beta\eta$–可约式 ($\beta\eta$-redex), $\beta\eta$–范式 ($\beta\eta$-nf), $\beta\eta$–范式集合 $\mathrm{NF}_{\beta\eta}$, M 有 $\beta\eta$-nf;

例 3.5 (1) $(\lambda x. xx)y$ 不是 β-nf, 但 yy 是它的 β-nf;

(2) $\Omega \equiv (\lambda x. xx)(\lambda x. xx)$ 不是 β-nf, 也无 β-nf;

(3) $(\lambda u. v)\Omega$ 不是 β-nf, 但它有 β-nf v, 而且有无穷 β–化归链

$$(\lambda u. v)\Omega \to_\beta (\lambda u. v)\Omega \to_\beta \cdots$$

命题 3.14 设 R 是 Λ 上的一个二元关系, $M \in \mathrm{NF}_R$, 则

(1) 不存在 $N \in \Lambda$ 使得 $M \to_R N$;

(2) $M \twoheadrightarrow_R N \Rightarrow M \equiv N$.

证明 留作习题. □

§3.4　Church–Rosser 定理

定义 3.26　设 $\twoheadrightarrow$ 是一个传递关系, 如果满足 $\forall P, M, N$,

$$P \twoheadrightarrow M \wedge P \twoheadrightarrow N \Rightarrow \exists T. (M \twoheadrightarrow T \wedge N \twoheadrightarrow T),$$

则称 $\twoheadrightarrow$ 关系具有 Church-Rosser(CR) 性质.

CR 性质又俗称为 ◊ 性质 (diamond property), 可用图 3.1 表示.

CR 性质对于 $\twoheadrightarrow_\beta$, $\twoheadrightarrow_\eta$, $\twoheadrightarrow_{\beta\eta}$ 皆成立, 这是 λ-演算的基本定理 (德文 Hauptsatz). Church 于 1941 年首次给出 $\twoheadrightarrow_\beta$ 满足 CR 性质的证明 [Chu41], 此后又出现了许多种不同的证明, 例如 [Bar84],[Klo80]. 以下将介绍 Per Martin-Löf 的证明. 该证明比较简洁: 当 $\twoheadrightarrow_\beta$ 满足 CR 性质得证后, 证明 $\twoheadrightarrow_\eta$ 和 $\twoheadrightarrow_{\beta\eta}$ 满足 CR 性质可如法炮制.

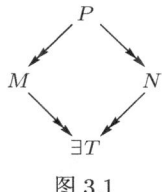

图 3.1

约定 3.27　(1) 以下只考虑 $\lambda\beta$-演算, 所提到的可约式是指 β-可约式, 关于可约式的定义, 参见定义 3.25;

(2) "R 为 P 中的可约式" 是指 "R 为 P 中的可约式的出现".

下面先介绍 Curry 教授引入的剩余 (residual) 的概念.

定义 3.28 (剩余)　设 R, S 为 λ-项 P 的可约式. 当 R 被收缩时, 将 P 变为 P', 记作 $P \xrightarrow[R]{} {}_\beta P'$. S 相对于 R 的剩余是 P' 中的可约式, 且满足以下条件:

情况 1. R 与 S 在 P 中无重叠, 从而 $P \xrightarrow[R]{} {}_\beta P'$ 不改变 S, 在 P' 中不变的 S 称为 S 在 P' 中的剩余;

情况 2. $R \equiv S$, 从而收缩 R 即收缩 S, 此时 S 在 P' 中无剩余;

情况 3. R 为 S 的部分且 $R \not\equiv S$. 从而 S 呈形 $(\lambda x. M)N$, 而 R 在 M 或 N 中; 收缩 R 使得 $M \xrightarrow[R]{} {}_\beta M'$ 或 $N \xrightarrow[R]{} {}_\beta N'$, 从而 $S \xrightarrow[R]{} {}_\beta (\lambda x. M')N$ 或 $S \xrightarrow[R]{} {}_\beta (\lambda x. M)N'$, 于是 $(\lambda x. M')N$ 或 $(\lambda x. M)N'$ 就是 S 的剩余;

情况 4. S 为 R 的部分且 $R \not\equiv S$. 设 R 呈形 $(\lambda x. M)N$, 收缩 R 得到

$$(\lambda x. M)N \to_\beta M[x := N];$$

子情况 4.1. S 在 M 中, 则在收缩 R 以后, 若 $x \in \mathrm{FV}(S)$, 则 S 变为 $S[x := N]$; 否则 S 保持不变, 因此 $S[x := N]$ 或 S 就是 S 在 P' 中的剩余.

子情况 4.2. S 在 N 中, 则在做代入 $M[x := N]$ 时, 每代入一次 N 就得到一个 S 的出现, 这些皆为 S 在 P' 中的剩余.

注意, 除了子情况 4.2. 外, 其他情况至多产生一个 S 的剩余.

定义 3.29 (极小可约式) 设 $R_1, \cdots, R_n$ 为 λ–项 P 中的可约式, R_i 是极小可约式是指 R_i 不真包含其他 R_j.

以下将定义一个重要的概念.

定义 3.30 (minimal complete development) 设 $P \in \Lambda, R_1, R_2, \cdots, R_n$ 是 P 中的可约式; 设 P 通过依次收缩 $R_1, R_2, \cdots, R_n$ 的剩余得到 Q. 若对于每一个 $i = 1, 2, \cdots, n, R_i$ 是 $R_i, R_{i+1}, \cdots, R_n$ 中的极小可约式, 则称 P 归约到 Q 的过程是一个 minimal complete development, 简称 mcd, 记作 $P \triangleright_{\mathrm{mcd}} Q$.

例 3.6 (1) $(\lambda x.\, xt)((\lambda y.\, y)z) \to_\beta (\lambda x.\, xt)z \to_\beta zt$ 是 mcd;
(2) $(\lambda x.\, xt)((\lambda y.\, y)z) \to_\beta (\lambda y.\, y)zt \to_\beta zt$ 不是 mcd;
(3) $(\lambda x.\, xx)((\lambda x.\, x)y) \to_\beta ((\lambda x.\, x)y)((\lambda x.\, x)y) \to_\beta y((\lambda x.\, x)y)$ 不是 mcd. 在这里

$$R_1 \equiv (\lambda x.\, xx)((\lambda x.\, x)y),$$
$$R_2 \equiv ((\lambda x.\, x)y).$$

第一步归约收缩了 R_1; 第二步归约收缩的是收缩 R_1 后产生的 R_2 的新的拷贝, 即 R_2 的剩余. 因为 R_1 不是 $\{R_1, R_2\}$ 中的极小可约式, 所以这个归约过程并不是 mcd. 事实上, 不存在从 $(\lambda x.\, xx)((\lambda x.\, x)y)$ 到 $y((\lambda x.\, x)y)$ 的 mcd 归约.

命题 3.15 (1) 当 $n > 0$ 时, $R_1, \cdots, R_n$ 中总有极小者;
(2) 当 $n = 0$ 时, $P \triangleright_{\mathrm{mcd}} Q$ 是指 $P \equiv Q$;
(3) 若 $P \to_\beta Q$, 则显然 $P \triangleright_{\mathrm{mcd}} Q$;
(4) $\triangleright_{\mathrm{mcd}}$ 不具有传递性;
(5) $P \triangleright_{\mathrm{mcd}} Q \Rightarrow P \to_\beta Q$, 反之则不成立, 例如

$$(\lambda x.\, xy)(\lambda z.\, z) \to_\beta (\lambda z.\, z)y \to_\beta y,$$

但是从 $(\lambda x.\, xy)(\lambda z.\, z)$ 到 y 却没有 mcd 归约.
(6) 给定 P 与可约式的集合 $\{R_1, \cdots, R_n\}$, 若 $P \triangleright_{\mathrm{mcd}} Q$, 则 Q 是唯一的.

引理 3.16 若 $M \triangleright_{\mathrm{mcd}} M'$ 且 $N \triangleright_{\mathrm{mcd}} N'$，则 $MN \triangleright_{\mathrm{mcd}} M'N'$.

证明 留作习题. □

引理 3.17 若 $M \triangleright_{\mathrm{mcd}} M'$ 且 $N \triangleright_{\mathrm{mcd}} N'$，则 $M[x := N] \triangleright_{\mathrm{mcd}} M'[x := N']$.

证明 首先按照变元约定 3.9，可设 $\mathrm{FV}(xN)$ 不在 M 中受约束. 设 $M \triangleright_{\mathrm{mcd}} M'$ 依次收缩了 $R_1, \cdots, R_n$ 的剩余，以下对 M 的结构作归纳证明 $M[x := N] \triangleright_{\mathrm{mcd}} M'[x := N']$.

情况 1. $M \equiv x$，从而 $n = 0$ 且 $M' \equiv x$，于是
$$M[x := N] \equiv N \triangleright_{\mathrm{mcd}} N' \equiv M'[x := N'].$$

情况 2. $x \notin \mathrm{FV}(M)$，从而 $x \notin \mathrm{FV}(M')$，于是
$$M[x := N] \equiv M \triangleright_{\mathrm{mcd}} M' \equiv M'[x := N'].$$

情况 3. $M \equiv \lambda y. M_1$，即 M 的可约式都在 M_1 中，于是 M' 呈形 $\lambda y. M_1'$，其中 $M_1 \triangleright_{\mathrm{mcd}} M_1'$，因此

$$\begin{aligned} M[x := N] &\equiv \lambda y. (M_1[x := N]) \\ &\triangleright_{\mathrm{mcd}} \lambda y. (M_1'[x := N']) \quad &\text{根据 I.H.} \\ &\equiv (\lambda y. M_1')[x := N'] \\ &\equiv M'[x := N']. \end{aligned}$$

情况 4. $M \equiv M_1 M_2$，且 M 本身非可约式；或者 M 是可约式但在 $M \triangleright_{\mathrm{mcd}} M'$ 的过程中没有涉及收缩 M 的剩余；因此 $M \triangleright_{\mathrm{mcd}} M'$ 过程中收缩的任何可约式皆在 M_1 或 M_2 中，从而 M' 呈形 $M_1' M_2'$，其中 $M_1 \triangleright_{\mathrm{mcd}} M_1'$ 且 $M_2 \triangleright_{\mathrm{mcd}} M_2'$，因此

$$\begin{aligned} M[x := N] &\equiv (M_1[x := N])(M_2[x := N]) \\ &\triangleright_{\mathrm{mcd}} (M_1'[x := N'])(M_2'[x := N']) \quad &\text{(用两次 I.H.)} \\ &\equiv (M_1' M_2')[x := N'] \\ &\equiv M'[x := N']. \end{aligned}$$

情况 5. $M \equiv (\lambda y. L)Q$，且 M 的剩余在 $M \triangleright_{\mathrm{mcd}} M'$ 的归约过程中被收缩，其余被收缩的可约式均是 L 或 Q 中可约式的剩余. 因为 M 包含了其他所

有的可约式, 根据 mcd 的定义 3.30, M 的剩余必在归约的最后一步被收缩, 故 $M \rhd_{\mathrm{mcd}} M'$ 呈形

$$M \equiv (\lambda y. L)Q$$
$$\rhd_{\mathrm{mcd}} (\lambda y. L')Q'$$
$$\to_\beta L'[y := Q']$$
$$\equiv M',$$

其中 $L \rhd_{\mathrm{mcd}} L'$, $Q \rhd_{\mathrm{mcd}} Q'$. 根据归纳假设得

$$L[x := N] \rhd_{\mathrm{mcd}} L'[x := N'] \equiv L^*,$$
$$Q[x := N] \rhd_{\mathrm{mcd}} Q'[x := N'] \equiv Q^*.$$

因此

$$\begin{aligned}
M[x := N] &\equiv & ((\lambda y. L)Q)[x := N] & \\
&\equiv & (\lambda y. L[x := N])(Q[x := N]) & \\
&\rhd_{\mathrm{mcd}} & (\lambda y. L^*)Q^* & \text{根据引理 3.16} \\
&\to_\beta & L^*[y := Q^*] & \\
&\equiv & L'[x := N'][y := Q'[x := N']] & \\
&\equiv & L'[y := Q'][x := N'] & \text{根据引理 3.3} \\
&\equiv & M'[x := N'].
\end{aligned}$$

□

引理 3.18 若 $P \rhd_{\mathrm{mcd}} A$ 且 $P \rhd_{\mathrm{mcd}} B$, 则存在 T 使得 $A \rhd_{\mathrm{mcd}} T$ 且 $B \rhd_{\mathrm{mcd}} T$, 如图 3.2 所示.

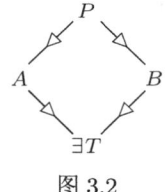

图 3.2

证明 对 P 的结构作归纳.

情况 1. $P \equiv x$, 则 $A \equiv B \equiv P$, 取 $T \equiv P$ 即可.

情况 2. $P \equiv \lambda x. P_1$, 从而所有的可约式皆在 P_1 中, 且 A, B 分别呈形 $\lambda x. A_1$, $\lambda x. B_1$, 其中 $P_1 \rhd_{\mathrm{mcd}} A_1$ 且 $P_1 \rhd_{\mathrm{mcd}} B_1$. 根据归纳假设知存在 T_1 使得 $A_1 \rhd_{\mathrm{mcd}} T_1$ 且 $B_1 \rhd_{\mathrm{mcd}} T_1$, 因此取 $T \equiv \lambda x. T_1$ 即可.

情况 3. $P \equiv P_1 P_2$ 且 P 本身非可约式, 或 P 本身为可约式但在 $P \triangleright_{\mathrm{mcd}} A$ 和 $P \triangleright_{\mathrm{mcd}} B$ 的过程中均未收缩 P 的剩余, 从而 A 呈形 $A \equiv A_1 A_2$, 其中

$$P_1 \triangleright_{\mathrm{mcd}} A_1,$$
$$P_2 \triangleright_{\mathrm{mcd}} A_2.$$

B 呈形 $B \equiv B_1 B_2$, 其中

$$P_1 \triangleright_{\mathrm{mcd}} B_1,$$
$$P_2 \triangleright_{\mathrm{mcd}} B_2.$$

于是根据归纳假设, 存在 T_1, T_2 满足图 3.3.

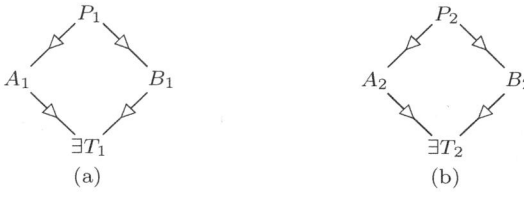

图 3.3

取 $T \equiv T_1 T_2$, 根据引理 3.16 可知定理成立.

情况 4. $P \equiv (\lambda x. M)N$ 且在 $P \triangleright_{\mathrm{mcd}} A$ 和 $P \triangleright_{\mathrm{mcd}} B$ 的过程中仅有一个涉及收缩 P 的剩余. 不失一般性, 可设 $P \triangleright_{\mathrm{mcd}} A$ 收缩了 P 的剩余, 从而 $P \triangleright_{\mathrm{mcd}} A$ 呈形

$$\begin{aligned} P &\equiv (\lambda x. M)N \\ &\triangleright_{\mathrm{mcd}} (\lambda x. M')N' \\ &\rightarrow_\beta M'[x := N'] \\ &\equiv A, \end{aligned}$$

其中 $M \triangleright_{\mathrm{mcd}} M'$, $N \triangleright_{\mathrm{mcd}} N'$; 而 $P \triangleright_{\mathrm{mcd}} B$ 呈形

$$\begin{aligned} P &\equiv (\lambda x. M)N \\ &\triangleright_{\mathrm{mcd}} (\lambda x. M'')N'' \\ &\equiv B, \end{aligned}$$

其中 $M \triangleright_{\mathrm{mcd}} M''$, $N \triangleright_{\mathrm{mcd}} N''$. 根据归纳假设可知对于 M, N 存在 M^+, N^+, 使得满足图 3.4.

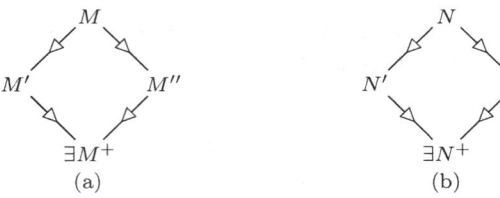

图 3.4

取 $T \equiv M^+[x := N^+]$. 因为 $A \equiv M'[x := N']$, 由引理 3.17 知 $A \triangleright_{\mathrm{mcd}} T$. 又因为

$$\begin{aligned} B &\equiv (\lambda x.\, M'')N'' \\ &\triangleright_{\mathrm{mcd}} (\lambda x.\, M^+)N^+ \\ &\to_\beta M^+[x := N^+] \\ &\equiv T, \end{aligned}$$

根据引理 3.16

所以 $B \triangleright_{\mathrm{mcd}} T$.

情况 5. $P \equiv (\lambda x.\, M)N$ 且 $P \triangleright_{\mathrm{mcd}} A$ 和 $P \triangleright_{\mathrm{mcd}} B$ 均涉及收缩 P 的剩余. 从而 $P \triangleright_{\mathrm{mcd}} A$ 呈形

$$\begin{aligned} P &\equiv (\lambda x.\, M)N \\ &\triangleright_{\mathrm{mcd}} (\lambda x.\, M')N' \\ &\to_\beta M'[x := N'] \\ &\equiv A, \end{aligned}$$

其中 $M \triangleright_{\mathrm{mcd}} M'$, $N \triangleright_{\mathrm{mcd}} N'$; 而 $P \triangleright_{\mathrm{mcd}} B$ 呈形

$$\begin{aligned} P &\equiv (\lambda x.\, M)N \\ &\triangleright_{\mathrm{mcd}} (\lambda x.\, M'')N'' \\ &\to_\beta M''[x := N''] \\ &\equiv B, \end{aligned}$$

其中 $M \triangleright_{\mathrm{mcd}} M''$, $N \triangleright_{\mathrm{mcd}} N''$. 根据归纳假设可知对于 M, N 存在 M^+, N^+, 使得满足图 3.5.

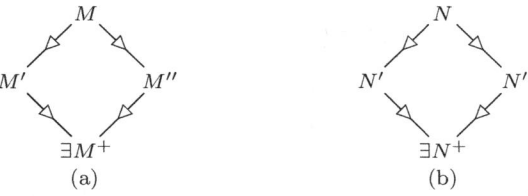

图 3.5

取 $T \equiv M^+[x := N^+]$. 于是

$$\begin{aligned}
A &\equiv (\lambda x.\, M')N' \\
&\triangleright_{\mathrm{mcd}} (\lambda x.\, M^+)N^+ \qquad\text{根据引理 3.16} \\
&\to_\beta M^+[x := N^+] \\
&\equiv T, \\
B &\equiv (\lambda x.\, M'')N'' \\
&\triangleright_{\mathrm{mcd}} (\lambda x.\, M^+)N^+ \qquad\text{根据引理 3.16} \\
&\to_\beta M^+[x := N^+] \\
&\equiv T,
\end{aligned}$$

所以 $A \triangleright_{\mathrm{mcd}} T$ 且 $B \triangleright_{\mathrm{mcd}} T$. □

定理 3.19 $\twoheadrightarrow_\beta$ 具有 CR 性质.

证明 设 $P \twoheadrightarrow_\beta M$, $P \twoheadrightarrow_\beta N$, 我们只需证

$$P \to_\beta M \,\wedge\, P \twoheadrightarrow_\beta N \Rightarrow \exists T.(M \twoheadrightarrow_\beta T \,\wedge\, N \twoheadrightarrow_\beta T). \tag{3.1}$$

这是因为如果上式成立, 设

$$P \to_\beta M_1 \to_\beta \cdots \to_\beta M_n \equiv M,$$

则如图 3.6 所示.

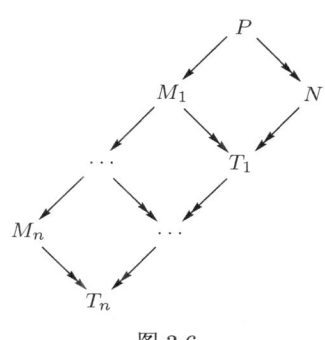

图 3.6

令 $T \equiv T_n$, 则显然 $M \twoheadrightarrow_\beta T \,\wedge\, N \twoheadrightarrow_\beta T$.

又因为 $\to_\beta$ 归约是 $\triangleright_{\mathrm{mcd}}$ 归约, 且 $\triangleright_{\mathrm{mcd}}$ 归约是 $\twoheadrightarrow_\beta$ 归约, 所以要证式(3.1), 只需证

$$P \rhd_{\text{mcd}} M \wedge P \twoheadrightarrow_\beta N \Rightarrow \exists T.(M \twoheadrightarrow_\beta T \wedge N \rhd_{\text{mcd}} T). \quad (3.2)$$

下面我们对 $P \twoheadrightarrow_\beta N$ 的归约步数 k 作归纳来证明式 (3.2).

(1) $k = 1$, 即 $P \to_\beta N$, 从而 $P \rhd_{\text{mcd}} N$, 根据引理 3.18知

$$\exists T.(M \rhd_{\text{mcd}} T \wedge N \rhd_{\text{mcd}} T).$$

又因为 $M \rhd_{\text{mcd}} T \Rightarrow M \twoheadrightarrow_\beta T$, 所以式 (3.2)成立.

(2) 假设在 $P \twoheadrightarrow_\beta N$ 的归约步数等于 k 时式 (3.2)成立.

当 $P \twoheadrightarrow_\beta N$ 的归约步数等于 $k+1$ 时, 设 $P \twoheadrightarrow_\beta N' \to_\beta N$, 其中 $P \twoheadrightarrow_\beta N'$ 的归约步数等于 k, 则根据归纳假设,

$$\exists T'.(M \twoheadrightarrow_\beta T' \wedge N' \rhd_{\text{mcd}} T').$$

因为 $N' \to_\beta N \Rightarrow N' \rhd_{\text{mcd}} N$, 所以根据引理 3.18,

$$N' \rhd_{\text{mcd}} T' \wedge N' \rhd_{\text{mcd}} N \Rightarrow \exists T.(T' \rhd_{\text{mcd}} T \wedge N \rhd_{\text{mcd}} T).$$

于是

$$M \twoheadrightarrow_\beta T' \rhd_{\text{mcd}} T \Rightarrow M \twoheadrightarrow_\beta T,$$

且 $N \rhd_{\text{mcd}} T$, 所以式(3.2)成立. 证明过程如图 3.7 所示.

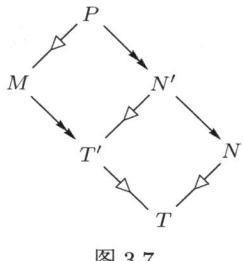

图 3.7

□

与定理 3.19同理可证 $\twoheadrightarrow_\eta, \twoheadrightarrow_{\beta\eta}$ 具有 CR 性质.

定理 3.20 设 $M, N \in \Lambda$, 若 $M =_\beta N$, 则存在 $T \in \Lambda$ 使得 $M \twoheadrightarrow_\beta T$ 且 $N \twoheadrightarrow_\beta T$.

证明 留作习题. □

以上性质对于 $=_\eta, =_{\beta\eta}$ 亦成立.

定义 3.31 设 S 为 λ-演算的形式系统,
(1) S 矛盾是指对任何 $M, N \in \Lambda$, $S \vdash M = N$;
(2) S 协调是指 S 不矛盾, 记作 $\mathrm{con}(S)$.

定理 3.21 $\mathrm{con}(\lambda\beta)$.

证明 反设 $\neg\mathrm{con}(\lambda\beta)$, 从而 $\lambda\beta \vdash \lambda x.x = \lambda x.xx$. 根据定理 3.12, 有 $\lambda x.x =_\beta \lambda x.xx$; 根据定理 3.20, 存在 $T \in \Lambda$ 使得 $\lambda x.x \twoheadrightarrow_\beta T$ 且 $\lambda x.xx \twoheadrightarrow_\beta T$. 而 $\lambda x.x, \lambda x.xx \in \mathrm{NF}_\beta$, 故 $\lambda x.x \equiv T$ 且 $\lambda x.xx \equiv T$, 即 $\lambda x.x \equiv \lambda x.xx$, 矛盾. □

与定理 3.21同理可证 $\mathrm{con}(\lambda\eta)$, $\mathrm{con}(\lambda\beta\eta)$.

§3.5 不动点定理

本节将讨论 λ-演算的不动点定理, 此性质为 λ-演算提供表示递归的方法.

定理 3.22 (不动点定理) 对于任意的 $F \in \Lambda$, 存在 $Z \in \Lambda$, 使得 $FZ =_\beta Z$.

证明 令 $W \equiv \lambda x.F(xx)$, 这里 x 不出现于 F 中, 且 $Z \equiv WW$, 从而
$$Z \equiv WW \equiv (\lambda x.F(xx))W \rightarrow_\beta F(WW) \equiv FZ.$$ □

以上定理说明每个 λ-项都有一个不动点. 进一步, 可以找到一个组合子 Y 使得对任何 F, YF 为 F 的不动点.

定理 3.23 存在组合子 $Y \in \Lambda^\circ$, 使得对于任意的 $F \in \Lambda$, $F(YF) =_\beta YF$.

证明 令 $Y \equiv \lambda f.(\lambda x.f(xx))(\lambda x.f(xx))$ 即可,
$$YF \rightarrow_\beta WW \rightarrow_\beta F(WW) \leftarrow_\beta F(YF).$$ □

满足 $F(YF) =_\beta YF$ 的不动点组合子 Y 不是唯一的, 定理 3.23中的 Y 是由 H.Curry 给出的, 这个 Y 很简洁, 但它不满足 $YF \twoheadrightarrow_\beta F(YF)$. A.Turing 曾定义组合子 Θ, 使 $\Theta F \twoheadrightarrow_\beta F(\Theta F)$.

定理 3.24 令 $A \equiv \lambda xy.y(xxy)$ 且 $\Theta \equiv AA$, 则对于任意的 $F \in \Lambda$, 有 $\Theta F \twoheadrightarrow_\beta F(\Theta F)$.

证明 $\Theta F \equiv AAF \rightarrow_\beta (\lambda y.y(AAy))F \rightarrow_\beta F(AAF) \equiv F(\Theta F)$. □

例 3.7 证明: 对于任何 $Z \in \Lambda$, 存在 $F \in \Lambda$, 使得 $FZ =_\beta F$.

证明

$$\forall Z. FZ =_\beta F \Leftarrow F =_\beta \lambda x. F$$
$$\Leftarrow F =_\beta (\lambda fx. f)F$$
$$\Leftarrow F \equiv Y(\lambda fx. f).$$
□

定义 3.32 (1) $U_i^n \equiv \lambda x_1 \cdots x_n. x_i$, 其中 $n \geqslant 1$ 且 $1 \leqslant i \leqslant n$;

(2) 设 $n \geqslant 1$, $M_1, \cdots, M_n \in \Lambda$, 定义 $[M_1, \cdots, M_n] \equiv \lambda z. zM_1 \cdots M_n$, 其中 z 为不出现在 $M_1, \cdots, M_n$ 中的新变元;

(3) $(M)_i^n \equiv MU_i^n$, 其中 $n \geqslant 1$ 且 $1 \leqslant i \leqslant n$.

命题 3.25 设 $n \geqslant 1$ 且 $1 \leqslant i \leqslant n$, 则 $([M_1, \cdots, M_n])_i^n \twoheadrightarrow_\beta M_i$.

定理 3.26 (多元不动点定理) 设 $F_1, \cdots, F_n \in \Lambda$, 则存在 $A_1, \cdots, A_n \in \Lambda$, 使得

$$A_1 \twoheadrightarrow_\beta F_1 A_1 \cdots A_n,$$
$$\cdots \cdots \cdots \cdots$$
$$A_n \twoheadrightarrow_\beta F_n A_1 \cdots A_n.$$

证明 由定理 3.24, 存在 A 使得

$$A \twoheadrightarrow_\beta [(F_1 (A)_1^n \cdots (A)_n^n), \cdots, (F_n (A)_1^n \cdots (A)_n^n)].$$

令 $A_i \equiv (A)_i^n$, $i = 1, \cdots, n$, 易见

$$A_i \equiv (A)_i^n$$
$$\twoheadrightarrow_\beta ([(F_1 (A)_1^n \cdots (A)_n^n), \cdots, (F_n (A)_1^n \cdots (A)_n^n)])_i^n$$
$$\twoheadrightarrow_\beta F_i (A)_1^n \cdots (A)_n^n$$
$$\equiv F_i A_1 \cdots A_n.$$

□

推论 3.27 设 $m, n \geqslant 1$, $F_1, \cdots, F_n \in \Lambda$, $y_1, \cdots, y_m \in \nabla$, 方程组

$$x_1 y_1 \cdots y_m =_\beta F_1,$$
$$\cdots \cdots \cdots \cdots$$
$$x_n y_1 \cdots y_m =_\beta F_n.$$

对于 $x_1, \cdots, x_n$ 有解.

证明 只需解方程组

$$x_1 =_\beta (\lambda x_1 \cdots x_n y_1 \cdots y_m. F_1) x_1 \cdots x_n,$$
$$\cdots \cdots \cdots \cdots$$
$$x_n =_\beta (\lambda x_1 \cdots x_n y_1 \cdots y_m. F_n) x_1 \cdots x_n.$$

而定理 3.26 保证它有解. $\square$

§3.6 递归函数的 λ–可定义性

我们需要选取一列 λ–项表示自然数. 这样的表示方法有许多种, 本章将采用 Church 编码.

定义 3.33 （1）设 $F, M \in \Lambda$, $n \in \mathbb{N}$, 归纳定义 $F^n M$ 为

$$F^0 M \equiv M,$$
$$F^{n+1} M \equiv F(F^n M);$$

（2）设 $F, M_0, \cdots, M_n \in \Lambda$, $n \in \mathbb{N}$, 归纳定义 $F^n[M_0, \cdots, M_n]$ 为

$$F^0[M_0] \equiv M_0,$$
$$F^{n+1}[M_0, \cdots, M_{n+1}] \equiv F(F^n[M_0, \cdots, M_n])M_{n+1}.$$

定义 3.34 (Church 数项) 对于 $n \in \mathbb{N}$, Church 数项 $\ulcorner n \urcorner$ 定义为

$$\ulcorner n \urcorner \equiv \lambda f x. f^n x.$$

命题 3.28 （1）$\ulcorner n \urcorner \in \mathrm{NF}_\beta$;
(2) $\lambda z. \ulcorner n \urcorner z =_\beta \ulcorner n \urcorner$;
(3) $\forall n, m \in \mathbb{N}. (\ulcorner n \urcorner =_\beta \ulcorner m \urcorner \Leftrightarrow n = m)$.

定义 3.35 (λ–可定义性) 设 $k \in \mathbb{N}^+$, $f : \mathbb{N}^k \to \mathbb{N}$ 为 k 元数论全函数, 若存在 $F \in \Lambda^\circ$, 使得

$$\forall n_1, \cdots, n_k \in \mathbb{N}. F \ulcorner n_1 \urcorner \cdots \ulcorner n_k \urcorner =_\beta \ulcorner f(n_1, \cdots, n_k) \urcorner,$$

则称 f 是 λ–可定义的, 且称 F λ–定义了 f.

定理 3.29 一般递归函数是 λ–可定义的.

在证明定理 3.29 之前, 先叙述一些预备知识.

引理 3.30 本原函数是 λ–可定义的.

证明 (1) 令 $Z \equiv U_3^3$, 则

$$\begin{aligned} Z\ulcorner n\urcorner &\equiv U_3^3\ulcorner n\urcorner \\ &\equiv (\lambda xyz.\,z)\ulcorner n\urcorner \\ &=_\beta \lambda yz.\,z \\ &\equiv \ulcorner 0\urcorner, \end{aligned}$$

所以 Z λ–定义了零函数 Z;

(2) 令 $S \equiv \lambda xyz.\,y(xyz)$, 则

$$\begin{aligned} S\ulcorner n\urcorner &\equiv (\lambda xyz.\,y(xyz))\ulcorner n\urcorner \\ &=_\beta \lambda yz.\,y(\ulcorner n\urcorner yz) \\ &=_\beta \lambda yz.\,y(y^n z) \\ &\equiv \ulcorner n+1\urcorner, \end{aligned}$$

所以 S λ–定义了后继函数 S;

(3) 易见 U_k^n λ–定义了投影函数 P_k^n. □

引理 3.31 (Kleene) 前驱函数 pred 是 λ–可定义的.

证明 令

$$C \equiv \lambda z.\,\bigl[\,S(zU_1^3),\,zU_1^3,\,zU_2^3\,\bigr],$$

从而 $C\,[x,y,z] =_\beta [Sx,x,y]$, 因此

$$\begin{aligned} \ulcorner n\urcorner C\,[\,\ulcorner 1\urcorner, \ulcorner 0\urcorner, \ulcorner 0\urcorner\,] &=_\beta C^n\,[\,\ulcorner 1\urcorner, \ulcorner 0\urcorner, \ulcorner 0\urcorner\,] \\ &=_\beta [\,\ulcorner n+1\urcorner, \ulcorner n\urcorner, \ulcorner n \dotminus 1\urcorner\,]. \end{aligned}$$

于是

$$\begin{aligned} \ulcorner n \dotminus 1\urcorner &=_\beta \ulcorner n\urcorner C\,[\,\ulcorner 1\urcorner, \ulcorner 0\urcorner, \ulcorner 0\urcorner\,]U_3^3 \\ &=_\beta (\lambda x.\,xC\,[\,\ulcorner 1\urcorner, \ulcorner 0\urcorner, \ulcorner 0\urcorner\,]U_3^3)\ulcorner n\urcorner. \end{aligned}$$

令
$$\text{pred} \equiv (\lambda x. xC\,[\,\ulcorner 1 \urcorner, \ulcorner 0 \urcorner, \ulcorner 0 \urcorner\,]\,U_3^3),$$
则 pred λ-定义了前驱函数 pred. □

引理 3.32 λ-可定义函数类对于复合是封闭的.

证明 根据函数复合的定义, 设
$$h(x_1, \cdots, x_n) = f(g_1(x_1, \cdots, x_n), \cdots, g_m(x_1, \cdots, x_n)),$$
设 $F, G_1, \cdots, G_m \in \Lambda$ 分别 λ-定义了 $f, g_1, \cdots, g_n$, 令
$$H \equiv \lambda x_1 \cdots x_n. F(G_1 x_1 \cdots x_n) \cdots (G_m x_1 \cdots x_n),$$
则易见 H λ-定义了 h. □

引理 3.33 存在 $D \in \Lambda^\circ$, 使得
$$D\ulcorner 0 \urcorner =_\beta U_1^2,$$
$$D\ulcorner n+1 \urcorner =_\beta U_2^2.$$
从而
$$D\ulcorner 0 \urcorner MN =_\beta M,$$
$$D\ulcorner n+1 \urcorner MN =_\beta N.$$

证明 令 $D \equiv [U_3^3, U_1^2]$, 因为
$$(U_3^3)^{n+1} U_1^2 =_\beta U_2^2$$
所以
$$D\ulcorner 0 \urcorner =_\beta U_1^2,$$
$$D\ulcorner n+1 \urcorner =_\beta U_2^2.$$
□

引理 3.34 λ-可定义函数类对于原始递归是封闭的.

证明 根据原始递归函数的定义, 设
$$h(x_1, \cdots, x_m, 0) = f(x_1, \cdots, x_m),$$
$$h(x_1, \cdots, x_m, y+1) = g(h(x_1, \cdots, x_m, y), x_1, \cdots, x_m, y),$$

设 F, G 分别 λ–定义了函数 f, g. 若要令 H 定义 h, 则只需

$$H\ulcorner x_1\urcorner \cdots \ulcorner x_m\urcorner \ulcorner 0\urcorner =_\beta F\ulcorner x_1\urcorner \cdots \ulcorner x_m\urcorner,$$
$$H\ulcorner x_1\urcorner \cdots \ulcorner x_m\urcorner \ulcorner y+1\urcorner =_\beta G(H\ulcorner x_1\urcorner \cdots \ulcorner x_m\urcorner \ulcorner y\urcorner)\ulcorner x_1\urcorner \cdots \ulcorner x_m\urcorner \ulcorner y\urcorner.$$

根据引理 3.33, 只需

$$H\ulcorner x_1\urcorner \cdots \ulcorner x_m\urcorner \ulcorner y\urcorner =_\beta D\ulcorner y\urcorner MN.$$

其中

$$M \equiv F\ulcorner x_1\urcorner \cdots \ulcorner x_m\urcorner,$$
$$N \equiv G(H\ulcorner x_1\urcorner \cdots \ulcorner x_m\urcorner (\text{pred}\ulcorner y\urcorner))\ulcorner x_1\urcorner \cdots \ulcorner x_m\urcorner (\text{pred}\ulcorner y\urcorner).$$

故 H 只需满足

$$H =_\beta \lambda x_1 \cdots x_m y.\, Dy(Fx_1 \cdots x_m)(G(Hx_1 \cdots x_m(\text{pred}y))x_1 \cdots x_m(\text{pred}y))$$

即可, 所以取

$$H \equiv Y(\lambda z \vec{x} y.\, Dy(F\vec{x})(G(z\vec{x}(\text{pred}y))\vec{x}(\text{pred}y))),$$

则 $H\lambda$–定义了 h. □

引理 3.35 λ–可定义函数类对于正则函数的极小化是封闭的.

证明 根据极小化算子的定义, 设 $h(\vec{x}) = \mu y.\, [f(\vec{x}, y)]$, 设 $F\lambda$–定义了 f, 计算 $h(\vec{x})$ 实际上是计算

$$\begin{aligned} h(\vec{x}) = \ & \text{if } f(\vec{x}, 0) = 0 \text{ then } 0 \text{ else} \\ & \text{if } f(\vec{x}, 1) = 0 \text{ then } 1 \text{ else} \\ & \text{if } f(\vec{x}, 2) = 0 \text{ then } 2 \text{ else} \\ & \quad \vdots \end{aligned}$$

令 $g(\vec{x}, y)$ 满足

$$g(\vec{x}, y) = \text{if } f(\vec{x}, y) = 0 \text{ then } y \text{ else } g(\vec{x}, y+1),$$

则 $h(\vec{x}) = g(\vec{x}, 0)$. 令

$$G \equiv Y(\lambda z \vec{x} y.\, D(F\vec{x}y)y(z\vec{x}(Sy))),$$

则
$$G\ulcorner\vec{x}\urcorner\ulcorner y\urcorner =_\beta D(F\ulcorner\vec{x}\urcorner\ulcorner y\urcorner)\ulcorner y\urcorner(G\ulcorner\vec{x}\urcorner(S\ulcorner y\urcorner)).$$
因为 f 是正则的, 所以 $h(\vec{x})$ 有定义, 从而 $G\ulcorner x\urcorner\ulcorner 0\urcorner =_\beta \ulcorner h(\vec{x})\urcorner$. 令
$$H \equiv \lambda\vec{x}.G\vec{x}\ulcorner 0\urcorner,$$
则 H λ–定义了 h. □

由引理 3.30— 3.35知, 定理 3.29得证.

事实上, 定理 3.29的逆定理也成立, 即定理 3.36.

定理 3.36 设 $f : \mathbb{N}^k \to \mathbb{N}$ 为全数论函数, 则
$$f \text{ 是一般递归的} \Leftrightarrow f \text{ 是 } \lambda\text{–可定义的}.$$

全数论函数的 λ–可定义性可被推广至部分数论函数. 设 $f : \mathbb{N} \to \mathbb{N}$ 为部分函数, $F \in \Lambda^\circ$, 则 "$F\lambda$–定义了 f" 蕴涵了 "$f(n) = m \Leftrightarrow F\ulcorner n\urcorner =_\beta \ulcorner m\urcorner$". 然而, 当 $f(n)$ 无定义时, $F\ulcorner n\urcorner$ 应该是什么呢?

现有多种方案把 $F\ulcorner n\urcorner$ 刻画成具某种性质的项:

(1) Church: $F\ulcorner n\urcorner \in \mathscr{A} = \{\, M \in \Lambda^\circ : M \text{无} \beta\text{-nf}\,\}$.

(2) Barendregt: $F\ulcorner n\urcorner \in \mathscr{A} = \{\, M \in \Lambda^\circ : M \text{不可解}\,\}$.

(3) Statman: $F\ulcorner n\urcorner \in \mathscr{A} = \{\, M \in \Lambda^\circ : M \text{为0阶}\,\}$.

(4) Visser: $F\ulcorner n\urcorner \in \mathscr{A} = \{\, M \in \Lambda^\circ : M \text{为简单}\,\}$.

Statman 在 1987 年得到部分函数的 λ–可定义性的一般性定理 [Bar92], 涵盖了以上四种情形.

定理 3.37 (Statman, 1987) 设 $\mathcal{A}$ 为以上四种之一, 若 $f : \mathbb{N} \to \mathbb{N}$ 为部分递归函数, 则有 $F \in \Lambda^\circ$, 使得
$$f(n) \text{ 有定义} \Rightarrow F\ulcorner n\urcorner =_\beta \ulcorner f(n)\urcorner,$$
$$f(n) \text{ 无定义} \Rightarrow F\ulcorner n\urcorner \in \mathcal{A}.$$

对于 Church 和 Barendregt 的定义, 有定理 3.38.

定理 3.38 对于任何部分数论函数 f,
$$f \text{ 是部分递归的} \Leftrightarrow f \text{ 是 } \lambda\text{–可定义的}.$$

因此, λ–演算也是一个计算模型.

§3.7 与递归论对应的结果

在递归论中, 一些基本的性质和定理是十分重要的, 如枚举性质、第二递归定理和 Rice 定理 (参见 [Cut80]). 在 λ–演算中, 也有与这些递归论性质相似的结果.

我们知道在自然数集 $\mathbb{N}$ 上存在配对函数 $[x,y]$ 以及 Π_1, Π_2, 使得

$$\Pi_1([x,y]) = x,$$
$$\Pi_2([x,y]) = y,$$

且 $[x,y], \Pi_1, \Pi_2$ 都是递归函数. 下面给出 λ–项的 Gödel 编码.

定义 3.36 (λ–项的编码) 设 $\sharp : \Lambda \to \mathbb{N}$, 使得对于每一个 $M \in \Lambda$, 都有唯一的自然数 $\sharp M$ 与之对应, 该自然数被称为 M 的编码. 定义 $\sharp$ 的方法很多, 例如:

(1) $\sharp(v^{(n)}) = [0, n]$;
(2) $\sharp(MN) = [1, [\sharp M, \sharp N]]$;
(3) $\sharp(\lambda x. M) = [2, [\sharp x, \sharp M]]$.

其中 $v^{(n)}$ 表示变元集合中的第 n 个变元.

引理 3.39 存在一般递归函数 $\text{var}, \text{app}, \text{abs}, \text{num} : \mathbb{N} \to \mathbb{N}$ 使得:

(1) $\forall n \in \mathbb{N}. \text{var}(n) = \sharp(v^{(n)})$;
(2) $\forall M, N \in \Lambda. \text{app}(\sharp M, \sharp N) = \sharp(MN)$;
(3) $\forall x \in \nabla, M \in \Lambda. \text{abs}(\sharp x, \sharp M) = \sharp(\lambda x. M)$;
(4) $\forall n \in \mathbb{N}. \text{num}(n) = \sharp \ulcorner n \urcorner$.

证明 留作习题. □

定义 3.37 (λ–项的内部编码) 对于任何 $M \in \Lambda$, M 的内部编码定义为 $\ulcorner M \urcorner \equiv \ulcorner \sharp M \urcorner$.

命题 3.40 有 $\text{App}, \text{Num} \in \Lambda^\circ$, 使得
(1) $\text{App} \ulcorner M \urcorner \ulcorner N \urcorner =_\beta \ulcorner MN \urcorner$;
(2) $\text{Num} \ulcorner M \urcorner =_\beta \ulcorner \ulcorner M \urcorner \urcorner$.

证明 在引理 3.39 中, app 和 num 都是递归的, 故存在 $\text{App}, \text{Num} \in \Lambda^\circ$, 使得 App, Num 分别 λ–定义了 app 和 num, 从而得到 $\text{App} \ulcorner M \urcorner \ulcorner N \urcorner =_\beta \ulcorner MN \urcorner$ 以及 $\text{Num} \ulcorner n \urcorner =_\beta \ulcorner \ulcorner n \urcorner \urcorner$, 若取 $n = \sharp M$, 则 $\text{Num} \ulcorner M \urcorner =_\beta \ulcorner \ulcorner M \urcorner \urcorner$. □

S.C.Kleene 于 1936 年证明了在 λ-演算中存在自解释组合子 [Kle36]，即定理 3.41.

定理 3.41 存在枚举子 $E \in \Lambda^\circ$，使得对于任何 $M \in \Lambda^\circ$，有 $E \ulcorner M \urcorner =_\beta M$.

证明 Kleene 原先的证法较繁，现采用 P. de Bruin 的证法. 因为所有递归可计算函数都 λ-可定义，故存在 $E_0 \in \Lambda^\circ$ 满足

$$E_0 \ulcorner x \urcorner F =_\beta F \ulcorner x \urcorner,$$
$$E_0 \ulcorner MN \urcorner F =_\beta (E_0 \ulcorner M \urcorner F)(E_0 \ulcorner N \urcorner F),$$
$$E_0 \ulcorner \lambda x. M \urcorner F =_\beta \lambda x. (E_0 \ulcorner M \urcorner F_{[\ulcorner x \urcorner \mapsto x]}),$$

其中

$$F_{[\ulcorner x \urcorner \mapsto x]} \ulcorner x \urcorner =_\beta x,$$
$$F_{[\ulcorner x \urcorner \mapsto x]} \ulcorner y \urcorner =_\beta F \ulcorner y \urcorner, \quad (y \not\equiv x).$$

事实上，存在 $B \in \Lambda^\circ$ 使得 $F_{[\ulcorner x \urcorner \mapsto x]} =_\beta BFx \ulcorner x \urcorner$（留作习题）.

设 $M \in \Lambda^\circ$，对 M 的结构作归纳得

$$E_0 \ulcorner M \urcorner F =_\beta M[x_1 := F \ulcorner x_1 \urcorner, \cdots, x_n := F \ulcorner x_n \urcorner]. \quad \text{(同时替代)}$$

这里 $\mathrm{FV}(M) = \{x_1, \cdots, x_n\}$.

取 $E \equiv \lambda z. E_0 zI$，其中 $I \equiv \lambda x. x$，则对于 $M \in \Lambda^\circ$，

$$E \ulcorner M \urcorner =_\beta E_0 \ulcorner M \urcorner I =_\beta M. \qquad \square$$

例 3.8 存在 $F \in \Lambda^\circ$，使得

$$F \ulcorner n \urcorner =_\beta \lambda x_1 \cdots x_n. [x_1, \cdots, x_n].$$

证明 令 $M_n \equiv \lambda x_1 \cdots x_n. [x_1, \cdots, x_n]$，易见 $g(n) = \sharp M_n$ 是递归的. 设 $G \in \Lambda^\circ \lambda$-定义了 g，从而 $G \ulcorner n \urcorner =_\beta \ulcorner M_n \urcorner$，因此

$$E(G \ulcorner n \urcorner) =_\beta E \ulcorner M_n \urcorner =_\beta M_n.$$

取 $F \equiv \lambda x. E(Gx)$ 即可. $\qquad \square$

定理 3.42 (第二不动点定理)

$$\forall F. \exists Z. F \ulcorner Z \urcorner =_\beta Z.$$

证明 设 $F \in \Lambda$, 对于命题 3.40 中的 App 和 Num, 令

$$W \equiv \lambda x. F(\text{App}\, x (\text{Num}\, x)),$$
$$Z \equiv W \ulcorner W \urcorner.$$

因为

$$\begin{aligned}
Z &\equiv W \ulcorner W \urcorner \\
&\equiv (\lambda x. F(\text{App}\, x (\text{Num}\, x))) \ulcorner W \urcorner \\
&=_\beta F(\text{App} \ulcorner W \urcorner (\text{Num} \ulcorner W \urcorner)) \\
&=_\beta F(\text{App} \ulcorner W \urcorner \ulcorner \ulcorner W \urcorner \urcorner) \\
&=_\beta F \ulcorner W \ulcorner W \urcorner \urcorner \\
&\equiv F \ulcorner Z \urcorner,
\end{aligned}$$

所以 $F \ulcorner Z \urcorner =_\beta Z$. $\square$

推论 3.43

$$\forall F \in \Lambda^\circ. \exists Z \in \Lambda^\circ. FZ =_\beta Z.$$

证明 设 $F \in \Lambda^\circ$, 令 $G \equiv \lambda x. F(\text{E}x)$, E 为枚举子. 按照上述定理的构造有 $Z \in \Lambda^\circ$, 使得 $G \ulcorner Z \urcorner =_\beta Z$, 从而 $FZ =_\beta Z$. $\square$

A. Church 在 1936 年给出数学上的第一个不可判定性结果, 即在 λ-演算中, 等价关系 $=_\beta$ 是不可判定的. 下面将给出 D. Scott (1963) 的一般性定理 [Hin86], 请将其与 Rice 定理比较.

定义 3.38 (1) 若自然数集合 $S \subseteq \mathbb{N}$ 的特征函数 $\chi_S \in \mathcal{GRF}$, 则称 S 是可判定的;

(2) 若 λ-项集合 $\mathcal{A} \subseteq \Lambda$ 的编码集合

$$\sharp \mathcal{A} \equiv \{\sharp M : M \in \mathcal{A}\},$$

是可判定的, 则称 $\mathcal{A}$ 是可判定的;

(3) 若 λ-项集合 $\mathcal{A} \subseteq \Lambda$ 满足 $\mathcal{A} \neq \emptyset$ 且 $\mathcal{A} \neq \Lambda$, 则称 $\mathcal{A}$ 是非平凡的;

(4) 若 λ-项集合 $\mathcal{A} \subseteq \Lambda$ 满足

$$\forall M, N \in \Lambda. (M \in \mathcal{A} \wedge M =_\beta N \Rightarrow N \in \mathcal{A}),$$

则称 $\mathcal{A}$ 对于 $=_\beta$ 封闭.

§3.7 与递归论对应的结果

引理 3.44 若 $\mathcal{A} \subseteq \Lambda$ 是可判定的, 则有 $F \in \Lambda^\circ$, 使得

$$M \in \mathcal{A} \Rightarrow F\ulcorner M \urcorner =_\beta \ulcorner 0 \urcorner,$$
$$M \notin \mathcal{A} \Rightarrow F\ulcorner M \urcorner =_\beta \ulcorner 1 \urcorner.$$

证明 $\mathcal{A} \subseteq \Lambda$ 是可判定的, 即 $\sharp\mathcal{A}$ 可判定, 从而 $\chi_{\sharp\mathcal{A}}$ 是递归的. 设 $F \in \Lambda^\circ \lambda$–定义了 $\chi_{\sharp\mathcal{A}}$, 由于

$$M \in \mathcal{A} \Rightarrow \chi_{\sharp\mathcal{A}}(\sharp M) = 0,$$
$$M \notin \mathcal{A} \Rightarrow \chi_{\sharp\mathcal{A}}(\sharp M) = 1,$$

所以

$$M \in \mathcal{A} \Rightarrow F\ulcorner M \urcorner =_\beta \ulcorner 0 \urcorner,$$
$$M \notin \mathcal{A} \Rightarrow F\ulcorner M \urcorner =_\beta \ulcorner 1 \urcorner.$$

□

定理 3.45 设 $\mathcal{A} \subseteq \Lambda$ 非平凡, $\mathcal{A}$ 对于 $=_\beta$ 封闭, 则 $\mathcal{A}$ 不可判定.

证明 反设 $\mathcal{A}$ 可判定, 从而由上述引理知有 $F \in \Lambda^\circ$, 使得

$$M \in \mathcal{A} \Rightarrow F\ulcorner M \urcorner =_\beta \ulcorner 0 \urcorner,$$
$$M \notin \mathcal{A} \Rightarrow F\ulcorner M \urcorner =_\beta \ulcorner 1 \urcorner.$$

由于 $\mathcal{A}$ 非平凡, 故有 M_0, M_1 使得 $M_0 \in \mathcal{A}, M_1 \notin \mathcal{A}$, 对于引理 3.33 中的 D, 有

$$M \in \mathcal{A} \Rightarrow D(F\ulcorner M \urcorner)M_1 M_0 =_\beta M_1 \notin \mathcal{A},$$
$$M \notin \mathcal{A} \Rightarrow D(F\ulcorner M \urcorner)M_1 M_0 =_\beta M_0 \in \mathcal{A}.$$

令 $G \equiv \lambda x. D(Fx)M_1 M_0$, 则

$$M \in \mathcal{A} \Rightarrow G\ulcorner M \urcorner \notin \mathcal{A},$$
$$M \notin \mathcal{A} \Rightarrow G\ulcorner M \urcorner \in \mathcal{A}.$$

由第二不动点定理知, 有 Z 使得 $G\ulcorner Z \urcorner =_\beta Z$, 因此

$$Z \in \mathcal{A} \Rightarrow Z =_\beta G\ulcorner Z \urcorner \notin \mathcal{A}, \quad (\mathcal{A} \text{ 对 } =_\beta \text{ 封闭})$$

矛盾! □

推论 3.46 β–相等性关系 $=_\beta$ 不可判定, 即不存在递归函数 f 使得

$$f(\sharp M, \sharp N) = \begin{cases} 0, & \text{若 } M =_\beta N, \\ 1, & \text{否则}. \end{cases}$$

证明 反设 $=_\beta$ 是可判定的, 则 $\mathcal{A} = \{M : M =_\beta \mathrm{I}\}$, 其中 $\mathrm{I} \equiv \lambda x.x$, 是可判定的. 因为 $\lambda x.x \in \mathcal{A}$, $\lambda x.xx \notin \mathcal{A}$, 所以 $\mathcal{A}$ 非平凡. 又因为 $\mathcal{A}$ 对于 $=_\beta$ 封闭, 故由定理 3.45 知 $\mathcal{A}$ 不可判定, 矛盾! □

推论 3.47 集合 $\mathcal{N} = \{M : M \text{ 有} \beta\text{-nf}\}$ 不可判定.

证明 因为 $\mathrm{I} \in \mathcal{N}$ 且 $\Omega \equiv (\lambda x.xx)(\lambda x.xx) \notin \mathcal{N}$, 所以 $\mathcal{N}$ 非平凡. 又易见 $\mathcal{N}$ 对 $=_\beta$ 封闭, 所以 $\mathcal{N}$ 不可判定. □

习 题

3.1 证明括号引理: 对于任何 $M \in \Lambda$, 在 M 中出现的左括号的个数等于在 M 中出现的右括号的个数.

3.2 试求 $SSSS$ 的 β-nf.

3.3 证明:$(\lambda x.xxx)(\lambda x.xxx)$ 没有 β–nf.

3.4 设 $F \in \Lambda$ 呈形 $\lambda x.M$, 证明:

(1) $\lambda z.Fz =_\beta F$;

(2) $\lambda z.yz \neq_\beta y$.

注意, 对于一般的 F, $\lambda z.Fz \neq_\beta F$, 但 $\lambda z.Fz =_\eta F$.

3.5 证明二元不动点定理: 对于任何 $F, G \in \Lambda$, 存在 $X, Y \in \Lambda$, 满足

$$FXY = X,$$
$$GXY = Y.$$

3.6 证明: 对任何 $M, N \in \Lambda^\circ$, 方程 $xN = Mx$ 对于 x 有解.

3.7 证明: 对于任意 $P, Q \in \Lambda$, 若 $P \to_\beta Q$, 则存在 $n \geq 0$ 以及 $P_0, \cdots, P_n \in \Lambda$, 满足

(1) $P \equiv P_0$;

(2) $Q \equiv P_n$;

(3) 对任何 $i < n$, $P_i \to_\beta P_{i+1}$.

3.8 证明: 对于任意 $P, Q \in \Lambda$, 若 $P \twoheadrightarrow_\beta Q$, 则 $\lambda z.P \twoheadrightarrow_\beta \lambda z.Q$.

3.9 证明: 对于任意 $P, Q \in \Lambda$, 若 $P =_\beta Q$, 则存在 $n \in \mathbb{N}$ 以及 $P_0, \cdots, P_n \in \Lambda$, 满足
   (1) $P \equiv P_0$;
   (2) $Q \equiv P_n$;
   (3) 对任何 $i < n$, $P_i \to_\beta P_{i+1}$ 或 $P_{i+1} \to_\beta P_i$.

3.10 证明定理 3.12.

3.11 证明定理 3.13.

3.12 证明: 对于任何 $M, N \in \Lambda$, 若 $M =_\beta N$, 则存在 T 使 $M \twoheadrightarrow_\beta T$ 且 $N \twoheadrightarrow_\beta T$. 这就是对于 $=_\beta$ 的 CR 性质.

3.13 证明: 若在系统 $\lambda\beta$ 中加入下述公理

$$(A) \quad \lambda xy.\, x = \lambda xy.\, y,$$

则对任何的 $M, N \in \Lambda$, $\lambda\beta + (A) \vdash M = N$.

3.14 证明命题 3.14.

3.15 证明引理 3.16.

3.16 试找出 $A \in \Lambda^\circ$ 使 A λ− 定义函数 $f(x, y) = x + y$.

3.17 试找出 $F \in \Lambda^\circ$ 使 F λ−定义函数 $f(x) = 3x$.

3.18 令 $D \equiv \lambda xyz.\, z(Ky)x$, 证明: 对于任意的 $X, Y \in \Lambda$,

$$DXY\ulcorner 0 \urcorner = X,$$
$$DXY\ulcorner n+1 \urcorner = Y.$$

这里 $K \equiv \lambda xy.\, x$, $\ulcorner n \urcorner \equiv \lambda fx.\, f^n x$.

3.19 设 $\mathrm{Exp} \equiv \lambda xy.\, yx$, 证明: 对于任意的 $n \in \mathbb{N}$ 和 $m \in \mathbb{N}^*$,

$$\mathrm{Exp}\ulcorner n \urcorner \ulcorner m \urcorner =_\beta \ulcorner n^m \urcorner.$$

(Exp 由 Rosser 教授作出)

3.20 构造 $F \in \Lambda^\circ$ 使得对于任何 $n \in \mathbb{N}$,

$$F\ulcorner n \urcorner =_\beta \ulcorner 2^n \urcorner.$$

3.21 设 $f, g : \mathbb{N} \to \mathbb{N}$, $f = \mathrm{Itw}\,[g]$, 即

$$f(0) = 0,$$
$$f(n+1) = g(f(n)),$$

且 $G \in \Lambda^\circ$ λ−定义函数 g. 试求 $F \in \Lambda^\circ$ 使得 F λ−定义函数 f.

3.22 证明引理 3.39.

3.23 设 $f(n)$ 为习题 1.16 中定义的函数, 试构造 $F \in \Lambda^\circ$ 使 $F \ulcorner n \urcorner = \ulcorner f(n) \urcorner$ 对 $n \in \mathbb{N}^+$ 成立.

3.24 构造 $H \in \Lambda^\circ$, 使得对于任意 $n \in \mathbb{N}$, $x_1, \cdots, x_n \in \Lambda$, 有

$$H \ulcorner n \urcorner x_1 \cdots x_n =_\beta \lambda z. z x_1 \cdots x_n.$$

3.25 证明: 存在 $\Theta_2 \in \Lambda^\circ$, 使得对于任意 $F \in \Lambda^\circ$, 有

$$\Theta_2 \ulcorner F \urcorner =_\beta F \ulcorner \Theta_2 \ulcorner F \urcorner \urcorner.$$

第四章 组 合 逻 辑

大约在 1920 年，Moses Schönfinkel 发明了组合子，他对此加以研究并在 1924 年发表了一些成果. 数年之后，Haskell Curry 独立地再发明了这些组合子并且建立了理论，所得的关于组合子的形式系统就是所谓的组合逻辑.

§4.1 组合子的形式系统

首先叙述组合逻辑 (CL) 的语法.

定义 4.1 CL–项之集合 (记为 $\mathbb{C}$) 以 BNF 定义如下：

$$\mathbb{C} ::= V \mid C \mid \mathbb{C}\mathbb{C},$$
$$V ::= v \mid V',$$
$$C ::= K \mid S.$$

以上定义中 V 为变元集合，C 中的元素 K 和 S 被称为基本组合子. 在某些文献中，C 含有其他的组合子，例如 I.

约定 4.2 (1) $x, y, z, \cdots$ 表示变元;
(2) $P, Q, R, \cdots$ 表示 CL–项;
(3) 采用左结合方式;
(4) $\equiv$ 表示语法恒同.

例 4.1 $xKSS$, SSS 为 CL–项.

由于在 CL–项中没有约束变元，所以 CL 中的替代很简单.

定义 4.3 设 $P, Q \in \mathbb{C}, x \in V$
(1) $\mathrm{FV}(P)$ 指 P 中所有变元的集合;
(2) 称 P 是闭的指 $\mathrm{FV}(P) = \varnothing$;
(3) $\mathbb{C}^\circ = \{ P \in \mathbb{C} : \mathrm{FV}(P) = \varnothing \}$;
(4) 在 P 中用 Q 替代所有 x 出现后的结果 (记为 $P[x := Q]$) 定义如下：

(4.1) $x[x := Q] \equiv Q$;

(4.2) $y[x := Q] \equiv y$, 这里 $y \not\equiv x$;

(4.3) $(P_1 P_2)[x := Q] \equiv (P_1[x := Q])(P_2[x := Q])$.

组合逻辑是一种等式形式理论, CL 的公式是等式 $P = Q$, 这里 P, Q 为任意的 CL−项. 下面先介绍组合逻辑的弱相等性的形式理论 $\mathrm{CL_w}$.

定义 4.4 $\mathrm{CL_w}$ 由以下公理和规则组成.

公理:
$$P = P; \tag{ρ}$$
$$\mathbf{K}PQ = P; \tag{K}$$
$$\mathbf{S}PQR = PR(QR). \tag{S}$$

规则:
$$\frac{P = Q}{Q = P}; \tag{σ}$$
$$\frac{P = Q \quad Q = R}{P = R}; \tag{τ}$$
$$\frac{P = Q}{RP = RQ}; \tag{μ}$$
$$\frac{P = Q}{PR = QR}. \tag{ν}$$

$P = Q$ 在 $\mathrm{CL_w}$ 中可被记为 $\mathrm{CL_w} \vdash P = Q$ 或简记 $P = Q$.

命题 4.1 (1) $\dfrac{P = Q}{P[x := R] = Q[x := R]}$;

(2) $\dfrac{P = Q}{R[x := P] = R[x := Q]}$;

(3) $\dfrac{P_1 = Q_1 \quad P_2 = Q_2}{P_1[x := P_2] = Q_1[x := Q_2]}$.

证明 (1) 设 $\mathrm{CL_w} \vdash P = Q$, 对 $P = Q$ 的证明过程归纳即可;

(2) 设 $\mathrm{CL_w} \vdash P = Q$, 对 R 的结构作归纳即可;

(3) 由 (1) 和 (2) 结论易得. □

例 4.2 令 $I \equiv SKK$, 则 $\mathrm{CL_w} \vdash IP = P$.

证明 因为

$$IP \equiv SKKP$$
$$= KP(KP) \qquad (S)$$
$$= P, \qquad (K)$$

所以 $\mathrm{CL_w} \vdash IP = P$. □

这里利用 K, S 定义了恒同组合子. 事实上, 利用 K, S 还能模拟 λ-抽象.

定义 4.5 设 $x \in V, P \in \mathbb{C}$. 对 P 的结构作归纳定义 $\lambda^* x. P$ 如下:
(1) $\lambda^* x. x \equiv SKK$;
(2) $\lambda^* x. P \equiv KP$, 若 $x \notin \mathrm{FV}(P)$;
(3) $\lambda^* x. PQ \equiv S(\lambda^* x. P)(\lambda^* x. Q)$, 若 $x \in \mathrm{FV}(PQ)$.

约定 4.6 $\lambda^* x_1 \cdots x_n. P \equiv \lambda^* x_1. (\cdots (\lambda^* x_n. P) \cdots)$.

例 4.3
$$\begin{aligned}
\lambda^* xy. x &\equiv \lambda^* x. (\lambda^* y. x) \\
&\equiv \lambda^* x. (Kx) \\
&\equiv S(\lambda^* x. K)(\lambda^* x. x) \\
&\equiv S(KK)I.
\end{aligned}$$

例 4.4

$$\begin{aligned}
\lambda^* xyz. xz(yz) &\equiv \lambda^* xy. (\lambda^* z. xz(yz)) \\
&\equiv \lambda^* xy. S(\lambda^* z. xz)(\lambda^* z. yz) \\
&\equiv \lambda^* xy. S(S(Kx)I)(S(Ky)I) \\
&\equiv \lambda^* x. S(K(S(S(Kx)I)))(\lambda^* y. S(Ky)I) \\
&\equiv \lambda^* x. S(K(S(S(Kx)I)))(S(S(KS)(S(KK)I))(KI)) \\
&\equiv S(\lambda^* x. S(K(S(S(Kx)I))))(K(S(S(KS)(S(KK)I))(KI))) \\
&\equiv S(S(KS)(S(KK)(S(KS)(\lambda^* x. S(Kx)I)))) \\
&\quad (K(S(S(KS)(S(KK)I))(KI))) \\
&\equiv S(S(KS)(S(KK)(S(KS)(S(S(KS)(S(KK)I))(KI))))) \\
&\quad (K(S(S(KS)(S(KK)I))(KI))).
\end{aligned}$$

命题 4.2　(1) $\mathrm{FV}(\lambda^*x.\,P) = \mathrm{FV}(P) - \{x\}$；

(2) $\mathrm{CL_w} \vdash (\lambda^*x.\,P)Q = P[x := Q]$.

证明　(1) 由定义 4.5 易见;

(2) 对 P 的结构作归纳:

(2.1) 若 $P \equiv x$，
$$\text{左} \equiv (\lambda^*x.\,x)Q \equiv IQ = Q \equiv x[x := Q] \equiv \text{右};$$

(2.2) 若 $x \notin \mathrm{FV}(P)$，
$$\text{左} \equiv (\lambda^*x.\,P)Q \equiv KPQ = P \equiv P[x := Q] \equiv \text{右};$$

(2.3) 若 $P \equiv P_1 P_2$ 且 $x \in \mathrm{FV}(P_1 P_2)$，

$$\begin{aligned}
\text{左} &\equiv (\lambda^*x.\,P_1 P_2)Q \\
&\equiv S(\lambda^*x.\,P_1)(\lambda^*x.\,P_2)Q \\
&= ((\lambda^*x.\,P_1)Q)((\lambda^*x.\,P_2)Q) \\
&= (P_1[x := Q])(P_2[x := Q]) \qquad \text{根据 I.H.} \\
&= (P_1 P_2)[x := Q] \\
&\equiv P[x := Q] \\
&\equiv \text{右}.
\end{aligned}$$
□

命题 4.3　(1) $\lambda^*y.\,(P[x := y]) \equiv \lambda^*x.\,P$，这里 $y \notin \mathrm{FV}(P)$；

(2) $(\lambda^*x.\,P)[y := Q] \equiv \lambda^*x.\,(P[y := Q])$，这里 $x \notin \mathrm{FV}(yQ)$.

证明　对 P 的结构作归纳证明即可.　□

以上我们得到许多与 $\lambda\beta$ 平行的结果，但 $\mathrm{CL_w}$ 与 $\lambda\beta$ 不是完全对应的，主要区别在于 $\mathrm{CL_w}$ 中没有对应的

$$\frac{P = Q}{\lambda^*x.\,P = \lambda^*x.\,Q}. \tag{ξ}$$

例如: $\mathrm{CL_w} \vdash Kxy = x$，但 $\mathrm{CL_w} \nvdash \lambda^*x.\,(Kxy) = \lambda^*x.\,x$（证明见 4.2 节），事实上 (ξ) 表示某种外延性.

定义 4.7 设

$$\frac{Px = Qx}{P = Q} \quad \text{这里 } x \notin \mathrm{FV}(PQ), \tag{ext}$$

$$\frac{P = Q}{\lambda^* x. P = \lambda^* x. Q} \tag{ξ}$$

$$\lambda^* x. Px = P \quad \text{这里 } x \notin \mathrm{FV}(P), \tag{η}$$

记号 $\mathrm{CL}_{\mathrm{ext}}$ 指 $\mathrm{CL}_{\mathrm{w}} + (\mathrm{ext})$.

命题 4.4 (1) $\mathrm{CL}_{\mathrm{ext}}$ 可导出 (ξ) 和 (η);
(2) $\mathrm{CL}_{\mathrm{w}} + (\xi) + (\eta)$ 可导出 (ext).

证明 与 λ–演算同理. □

例 4.5

$$\mathrm{CL}_{\mathrm{ext}} \vdash \lambda^* xy. x = K,$$
$$\mathrm{CL}_{\mathrm{ext}} \vdash \lambda^* xyz. xz(yz) = S.$$

事实上, 规则 (ext) 可由一组公理替代, 参见 [Bar84].

§4.2 弱 归 约

类似于 λ–演算, 在组合逻辑的项集合 $\mathbb{C}$ 上亦可定义一种归约关系, 这就是所谓的弱归约.

定义 4.8 归纳定义 $\mathbb{C}$ 上的二元关系 $\to_{\mathrm{w}}$, $\twoheadrightarrow_{\mathrm{w}}$ 和 $=_{\mathrm{w}}$ 如下, 并称 $\to_{\mathrm{w}}$ 为一步弱归约, $\twoheadrightarrow_{\mathrm{w}}$ 为弱归约以及 $=_{\mathrm{w}}$ 为弱相等.

i. (1) $KPQ \to_{\mathrm{w}} P$;
(2) $SPQR \to_{\mathrm{w}} PR(QR)$;
(3) $P \to_{\mathrm{w}} Q \Rightarrow PR \to_{\mathrm{w}} QR$;
(4) $P \to_{\mathrm{w}} Q \Rightarrow RP \to_{\mathrm{w}} RQ$.

ii. (1) $P \twoheadrightarrow_{\mathrm{w}} P$;
(2) $P \to_{\mathrm{w}} Q \Rightarrow P \twoheadrightarrow_{\mathrm{w}} Q$;
(3) $P \twoheadrightarrow_{\mathrm{w}} Q \land Q \twoheadrightarrow_{\mathrm{w}} R \Longrightarrow P \twoheadrightarrow_{\mathrm{w}} R$.

iii. (1) $P \twoheadrightarrow_{\mathrm{w}} Q \Rightarrow P =_{\mathrm{w}} Q$;
(2) $P =_{\mathrm{w}} Q \Rightarrow Q =_{\mathrm{w}} P$;
(3) $P =_{\mathrm{w}} Q \land Q =_{\mathrm{w}} R \Rightarrow P =_{\mathrm{w}} R$.

若 $\mathbb{C}$ 上二元关系 $\triangleright$ 由 (i) 中 (1) 和 (2) 定义, 则 $\to_w$ 为 $\triangleright$ 的合拍闭包, $\twoheadrightarrow_w$ 为 $\to_w$ 的自反、传递闭包, $=_w$ 为 $\to_w$ 的等价闭包.

例 4.6 (1) $SKKP \to_w KP(KP) \to_w P$;
(2) $SIIP \twoheadrightarrow_w PP$.

以下定理是关于弱归约和弱相等的 Church-Rosser 性质.

定理 4.5 (1) 若 $P \twoheadrightarrow_w Q$ 且 $P \twoheadrightarrow_w R$, 则存在 T 使 $Q \twoheadrightarrow_w T$ 且 $R \twoheadrightarrow_w T$;
(2) 若 $P =_w Q$, 则存在 R 使 $P \twoheadrightarrow_w R$ 且 $Q \twoheadrightarrow_w R$.

证明 与 $\beta-$归约的情况类似, 参见 [Bar84]. □

定义 4.9 设 $M \in \mathbb{C}$
(1) 称 M 为弱可约式 (w-redex) 指 M 呈形 KPQ 或 $SPQR$;
(2) 称 M 为弱范式 (w-nf) 指 M 中不含弱可约式;
(3) $\mathrm{NF}_w \equiv \{ M \in \mathbb{C} : M 为 \text{w-nf} \}$;
(4) $M \in \mathbb{C}$ 有弱范式指有 $N \in \mathrm{NF}_w$ 使 $M =_w N$.

例 4.7 (1) $KKK \to_w K$, KKK 有 w-nf;
(2) 令 $P \equiv SII(SII)$, $I \equiv SKK$,

$$P \to_w \mathrm{I}(\mathrm{SII})(\mathrm{I}(\mathrm{SII})) \twoheadrightarrow_w P \cdots,$$

因此 P 无 w-nf;
(3) $SK \in \mathrm{NF}_w$, 它对应的 $\lambda-$项为

$$P \equiv (\lambda xyz. xz(yz))(\lambda xy. x) \to_\beta \lambda yz. (\lambda uv. u)z(yz) \twoheadrightarrow_\beta \lambda yz. z \in \mathrm{NF}_\beta.$$

在 CL 中 SK 已不能再进行弱归约, 而在 $\lambda-$演算中 P 仍能进行 $\beta-$归约, 这就是称为"弱"归约的原因.

推论 4.6 (1) $P =_w Q \wedge Q \in \mathrm{NF}_w \Longrightarrow P \twoheadrightarrow_w Q$;
(2) $P =_w Q \wedge P =_w R \wedge Q, R \in \mathrm{NF}_w \Rightarrow Q \equiv R$;
(3) $P, Q \in \mathrm{NF}_w \wedge P \not\equiv Q \Rightarrow P \neq_w Q$.

证明 (1) 由 $=_w$ 的 Church-Rosser 性质知, 若 $P =_w Q$, 则有 R 使 $P \twoheadrightarrow_w R$ 且 $Q \twoheadrightarrow_w R$. 因 $Q \in \mathrm{NF}_w$, 故 $Q \equiv R$, 从而 $P \twoheadrightarrow_w Q$.
(2) 设 $P =_w Q, P =_w R$, 则 $Q =_w R$, 因为 $R \in \mathrm{NF}_w$, 故由 (1) 知 $Q \twoheadrightarrow_w R$, 又 $Q \in \mathrm{NF}_w$, 故 $Q \equiv R$. 这说明一个项至多有一个弱范式.

(3) 由 (2) 即得. □

由推论 4.6 的 (3) 知, $K \neq_{\mathrm{w}} S$.

定理 4.7　设 $P, Q \in \mathbb{C}$, 则

$$P =_{\mathrm{w}} Q \Leftrightarrow \mathrm{CL}_{\mathrm{w}} \vdash P = Q.$$

证明　归纳证明即可. □

在上节中, 我们定义了 $\lambda^* x. M$, 事实上有命题 4.8.

命题 4.8　设 $M, N \in \mathbb{C}$,

$$(\lambda^* x. M)N \twoheadrightarrow_{\mathrm{w}} M[x := N].$$

由此可见, $=_{\mathrm{w}}$ 与 CL_{w} 定义了相同的二元关系.

上节提及 $\mathrm{CL}_{\mathrm{w}} \vdash Kxy = x$, 但 $\mathrm{CL}_{\mathrm{w}} \not\vdash \lambda^* x. Kxy = \lambda^* x. x$, 这是因为

$$\lambda^* x. Kxy \equiv S(S(KK)I)(Ky),$$

$$\lambda^* x. x \equiv I \equiv SKK$$

都是 w-nf, 但不恒同, 故由推论 4.6 知,

$$\lambda^* xy. Kxy \neq_{\mathrm{w}} \lambda^* x. x.$$

从而

$$\mathrm{CL}_{\mathrm{w}} \not\vdash \lambda^* x. Kxy = \lambda^* x. x.$$

由此可得 CL_{w} 中不是所有的项都是弱相等的. 在这个意义下, CL 是相容的.

对于 CL 而言, 关于 λ-演算的大多数结果都可以移植于其中.

定理 4.9 (不动点定理)
(1) $\forall P \in \mathbb{C}. \exists X \in \mathbb{C}. X =_{\mathrm{w}} PX$;
(2) $\exists Y \in \mathbb{C}. \forall P \in \mathbb{C}. YP =_{\mathrm{w}} P(YP)$.

证明　令

$$Y \equiv \lambda^* x. WW,$$

$$W \equiv \lambda^* y. x(yy).$$

具体地,
$$W \equiv S(Kx)(SII),$$
$$Y \equiv S(\lambda^*x.W)(\lambda^*x.W),$$
$$\lambda^*x.W \equiv S(S(KS)(S(KK)I))(K(SII)). \qquad \Box$$

在 CL 中, 人们也可以定义数项.

定义 4.10 对任意自然数 $x \in \mathbb{N}$, 定义 CL 中的数项
$$\ulcorner x \urcorner \equiv (SB)^x(KI)$$

有以下定理.

定理 4.10 设 $n \in \mathbb{N}^*$, $f : \mathbb{N}^n \to \mathbb{N}$, 若 f 为一般递归函数, 则存在 $\overline{f} \in \mathbb{C}^\circ$, 使得对于任意 $x_1, \cdots, x_n \in \mathbb{N}$, 都有
$$\overline{f}\ulcorner x_1 \urcorner \cdots \ulcorner x_n \urcorner =_w \ulcorner f(x_1, \cdots, x_n) \urcorner.$$

证明 留作习题. $\qquad \Box$

于是同 λ–演算一样可以定义函数的 CL–可定义性, 从而函数 f 为递归函数当且仅当 f 为 CL–可定义. 因此组合逻辑也是一个计算模型. 进一步阅读参见 [Cur58] 和 [Cur72].

§4.3 CL 与 λ 的对应

在 CL 中, 我们给出了 $\lambda^*x.P$ 的定义 (定义 4.5), 从而可以导致 CL 与 λ 的一种对应关系.

定义 4.11 定义映射 $\lambda : \mathbb{C} \to \Lambda$ 如下:
$$\lambda(x) \equiv x,$$
$$\lambda(PQ) \equiv \lambda(P)\lambda(Q),$$
$$\lambda(K) \equiv \lambda xy.x,$$
$$\lambda(S) \equiv \lambda xyz.xz(yz).$$

约定记号: $P_\lambda \equiv \lambda(P)$.

引理 4.11 (1) $P \equiv Q \Leftrightarrow P_\lambda \equiv Q_\lambda$, 即 λ 为 1-1;

(2) $CL_w \vdash P = Q \Rightarrow \lambda\beta \vdash P_\lambda = Q_\lambda$;

(3) $CL_{ext} \vdash P = Q \Rightarrow \lambda\beta + ext \vdash P_\lambda = Q_\lambda$.

证明 (1) 易见;

(2) 对 $P = Q$ 的证明过程作归纳:

(2.1) 情形 (K), $CL_w \vdash KXY = X$,
因为 $(KXY)_\lambda \equiv (\lambda xy. x)(X)_\lambda(Y)_\lambda =_\beta (X)_\lambda$, 所以 $\lambda\beta \vdash (KXY)_\lambda = (X)_\lambda$;

(2.2) 情形 (S), $CL_w \vdash SXYZ = XZ(YZ)$,
同理得 $\lambda\beta \vdash (SXYZ)_\lambda = (XZ(YZ))_\lambda$,

其余情形易见;

(3) 由 (2) 即得. □

然而, 引理 4.11 的逆命题不真, 即有 $P, Q \in \mathbb{C}$ 使 $\lambda\beta \vdash (P)_\lambda = (Q)_\lambda$ 但 $CL_w \not\vdash P = Q$.

命题 4.12 (1) $CL_w \not\vdash SK = KI$, 这里 $I \equiv SKK$;

(2) $\lambda\beta \vdash (SK)_\lambda = (KI)_\lambda$;

(3) $CL_{ext} \vdash SK = KI$.

证明 (1) 因为 $SK, KI \in NF_w$ 且互异, 所以 $SK \neq_w KI$;

(2) 因为

$$(SK)_\lambda \equiv S_\lambda K_\lambda \equiv (\lambda xyz. xz(yz))K_\lambda =_\beta \lambda yz. K_\lambda z(yz)$$
$$\equiv \lambda yz. (\lambda uv. u)z(yz) =_\beta \lambda yz. z,$$
$$I_\lambda \equiv (SKK)_\lambda \equiv (SK)_\lambda K_\lambda =_\beta (\lambda yz. z)K_\lambda =_\beta \lambda z. z,$$
$$(KI)_\lambda \equiv K_\lambda I_\lambda \equiv (\lambda uv. u)I_\lambda =_\beta \lambda v. I_\lambda =_\beta \lambda yz. z,$$

所以

$$(SK)_\lambda =_\beta (KI)_\lambda;$$

(3) 因为 $CL_w \vdash SKxy = KIxy$, 所以 $CL_{ext} \vdash SK = KI$. □

通过映射 λ 可将 CL 嵌入 $\lambda\beta$ 中, 但 CL 与 $\lambda\beta$ 并不等价. H. Curry 曾构造一组闭 CL−项之间的等式 A_β, 使得 $CL + A_\beta$ 等价于 $\lambda\beta$, 即

$$CL + A_\beta \vdash P = Q \iff \lambda\beta \vdash P_\lambda = Q_\lambda.$$

具体参见 [Hin86] 和 [Cur58].

如果我们考察 CL_{ext} 与 λext 的关系, 那么存在更好的对应.

定义 4.12 定义映射 $\mathrm{CL} : \Lambda \to \mathbb{C}$ 如下:

$$\mathrm{CL}(x) \equiv x,$$
$$\mathrm{CL}(MN) \equiv \mathrm{CL}(M)\mathrm{CL}(N),$$
$$\mathrm{CL}(\lambda x. M) \equiv \lambda^* x. \mathrm{CL}(M).$$

约定记号: $M_{\mathrm{CL}} \equiv \mathrm{CL}(M)$, $M_{\mathrm{CL},\lambda} \equiv (M_{\mathrm{CL}})_\lambda$, $M_{\lambda,\mathrm{CL}} \equiv (M_\lambda)_{\mathrm{CL}}$.

引理 4.13 设 $M, N \in \Lambda, x \in V$, 则

$$(M[x := N])_{\mathrm{CL}} \equiv M_{\mathrm{CL}}[x := N_{\mathrm{CL}}].$$

证明 证明留作习题. $\square$

引理 4.14 对任何 $Q \in \mathbb{C}$, $(\lambda^* x. Q)_\lambda =_\beta \lambda x. Q_\lambda$.

证明 对 Q 的结构作归纳:

(1) $Q \equiv x$,

$$\text{左} \equiv (\lambda^* x. x)_\lambda \equiv (SKK)_\lambda =_\beta \lambda x. x \equiv \text{右};$$

(2) $x \notin \mathrm{FV}(Q)$,

$$\text{左} \equiv (\lambda^* x. Q)_\lambda \equiv (\mathbf{K}Q)_\lambda \equiv K_\lambda Q_\lambda \equiv (\lambda yx. y)Q_\lambda \to_\beta \lambda x. Q_\lambda \equiv \text{右};$$

(3) $Q \equiv XY$ 且 $x \in \mathrm{FV}(Q)$,

$$\begin{aligned}
\text{左} &\equiv (\lambda^* x. XY)_\lambda \\
&\equiv (S(\lambda^* x. X)(\lambda^* x. Y))_\lambda \\
&\equiv S_\lambda (\lambda^* x. X)_\lambda (\lambda^* x. Y)_\lambda \qquad\qquad \text{根据 I.H.} \\
&=_\beta S_\lambda (\lambda x. X_\lambda)(\lambda x. Y_\lambda) \\
&\equiv (\lambda uvx. ux(vx))(\lambda x. X_\lambda)(\lambda x. Y_\lambda) \\
&=_\beta \lambda x. ((\lambda x. X_\lambda)x((\lambda x. Y_\lambda)x)) \\
&=_\beta \lambda x. (X_\lambda Y_\lambda) \\
&\equiv \text{右}.
\end{aligned}$$

$\square$

引理 4.15 对于任意的 $M \in \Lambda$, 都有
$$\lambda\beta \vdash M_{\mathrm{CL},\lambda} = M.$$

证明 对 M 的结构作归纳:

(1) $M \equiv x$,
$$x_{\mathrm{CL},\lambda} \equiv x;$$

(2) $M \equiv PQ$,
$$(PQ)_{\mathrm{CL},\lambda} \equiv P_{\mathrm{CL},\lambda} Q_{\mathrm{CL},\lambda}$$
$$=_\beta PQ; \qquad \text{根据 I.H.}$$

(3) $M \equiv \lambda x. P$,
$$(\lambda x. P)_{\mathrm{CL},\lambda} \equiv (\lambda^* x. P_{\mathrm{CL}})_\lambda$$
$$=_\beta \lambda x. P_{\mathrm{CL},\lambda} \qquad \text{根据引理 4.14}$$
$$=_\beta \lambda x. P. \qquad \text{根据 I.H.}$$
$\square$

引理 4.16 对于任意的 $P \in \mathrm{CL}$, 都有
$$\mathrm{CL}_{\mathrm{ext}} \vdash P_{\lambda,\mathrm{CL}} = P.$$

证明 对 P 的结构作归纳:

(1) $P \equiv x$,
$$x_{\lambda,\mathrm{CL}} \equiv x;$$

(2) $P \equiv XY$,
$$XY_{\lambda,\mathrm{CL}} \equiv X_{\lambda,\mathrm{CL}} Y_{\lambda,\mathrm{CL}}$$
$$= XY; \qquad \text{根据 I.H.}$$

(3) $P \equiv K$,
$$K_{\lambda,\mathrm{CL}} \equiv (\lambda xy. x)_{\mathrm{CL}}$$
$$\equiv \lambda^* xy. x$$
$$\equiv S(KK)I$$
$$\neq_{\mathrm{w}} K.$$

但因为对于任意 x, y 都有

$$K_{\lambda,\mathrm{CL}} xy =_\mathrm{w} Kxy,$$

所以

$$\mathrm{CL}_\mathrm{ext} \vdash K_{\lambda,\mathrm{CL}} = K;$$

(4) $P \equiv S$, 与上同理可证

$$\mathrm{CL}_\mathrm{ext} \vdash S_{\lambda,\mathrm{CL}} = S. \qquad \square$$

事实上, 只需 $\mathrm{CL} + A_1 + A_2 \vdash P_{\lambda,\mathrm{CL}} = P$, 这里

$$\lambda^* xy.\, x = K, \qquad (A_1)$$
$$\lambda^* xyz.\, xz(yz) = S. \qquad (A_2)$$

定理 4.17 对于任何 $M, N \in \Lambda$, $\lambda\beta + \mathrm{ext} \vdash M = N$ 当且仅当 $\mathrm{CL}_\mathrm{ext} \vdash M_\mathrm{CL} = N_\mathrm{CL}$.

证明 (1) 必要性: 设 $\lambda\beta + \mathrm{ext} \vdash M = N$, 对其证明过程作归纳:
(1.1) 情形 (β), $M = N$ 为 $(\lambda x.\, P)Q = P[x := Q]$,

$$\begin{aligned}
M_\mathrm{CL} &\equiv ((\lambda x.\, P)Q)_\mathrm{CL} \\
&\equiv (\lambda x.\, P)_\mathrm{CL} Q_\mathrm{CL} \\
&\equiv (\lambda^* x.\, P_\mathrm{CL}) Q_\mathrm{CL} \\
&=_\mathrm{w} P_\mathrm{CL}[x := Q_\mathrm{CL}] \\
&\equiv (P[x := Q])_\mathrm{CL} \qquad \text{根据引理 4.13} \\
&\equiv N_\mathrm{CL};
\end{aligned}$$

(1.2) 情形 (ξ), $P = Q \Rightarrow \lambda x.\, P = \lambda x.\, Q$, 根据归纳假设有

$$\mathrm{CL}_\mathrm{ext} \vdash P_\mathrm{CL} = Q_\mathrm{CL},$$

从而根据 (ξ) 有

$$\mathrm{CL}_\mathrm{ext} \vdash \lambda^* x.\, P_\mathrm{CL} = \lambda^* x.\, Q_\mathrm{CL},$$

因此

$$\mathrm{CL}_\mathrm{ext} \vdash (\lambda x.\, P)_\mathrm{CL} = (\lambda x.\, Q)_\mathrm{CL},$$

其余情形易见.

(2) 充分性: 设
$$\mathrm{CL}_{\mathrm{ext}} \vdash M_{\mathrm{CL}} = N_{\mathrm{CL}},$$

由引理 4.11 之 (3) 知
$$\lambda\beta + \mathrm{ext} \vdash M_{\mathrm{CL},\lambda} = N_{\mathrm{CL},\lambda},$$

由引理 4.15 知
$$\lambda\beta + \mathrm{ext} \vdash M = N. \qquad \square$$

定理 4.18 对于任意的 $P, Q \in \mathbb{C}$, $\mathrm{CL}_{\mathrm{ext}} \vdash P = Q$ 当且仅当 $\lambda\beta + \mathrm{ext} \vdash P_\lambda = Q_\lambda$.

证明 (1) 必要性: 即引理 4.11 之 (3);

(2) 充分性: 设
$$\lambda\beta + \mathrm{ext} \vdash P_\lambda = Q_\lambda,$$

由定理 4.17 知
$$\mathrm{CL}_{\mathrm{ext}} \vdash P_{\lambda,\mathrm{CL}} = Q_{\lambda,\mathrm{CL}},$$

由引理 4.16 知
$$\mathrm{CL}_{\mathrm{ext}} \vdash P = Q. \qquad \square$$

这样, 通过映射 λ 与 CL 反映出 $\mathrm{CL}_{\mathrm{ext}}$ 与 $\lambda\beta + \mathrm{ext}$ 的对应关系, 如图 4.1 所示.

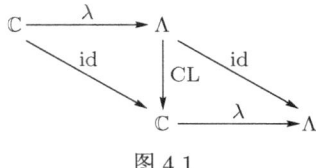

图 4.1

习 题

4.1 求 $\lambda^* xy.xyy$.

4.2 令 $C \in \mathbb{C}$ 定义为
$$C \equiv S(BBS)(KK).$$

证明: 对于任意的 $X, Y, Z \in \mathbb{C}$, $CXYZ = XZY$.

4.3 证明:若 $xP_1\cdots P_m =_w yQ_1\cdots Q_n$,则 $x \equiv y, m = n$,而且对于任意 $i \leqslant m$,有 $P_i =_w Q_i$.

4.4 证明:$P =_w Q$ 当且仅当 $\mathrm{CL}_w \vdash P = Q$.

4.5 证明:$(\lambda^* x.\, M)N =_w M[x := N]$.

4.6 令 $B \equiv S(KS)K$,证明:对于任意 $P, Q, R \in \mathbb{C}$,$BPQR =_w P(QR)$.

4.7 在 CL 中,定义 $\overline{n} \equiv (SB)^n(KI)$,其中 $n \in \mathbb{N}$,B 如习题 4.6 中所定义. 证明:对于一般递归函数 $\varphi : \mathbb{N} \to \mathbb{N}$,存在组合子 $\overline{\varphi} \in \mathbb{C}^\circ$,使得
$$\forall n \in \mathbb{N}.\, \overline{\varphi}\, \overline{n} = \overline{\varphi(n)}.$$

(此性质由 Kleene 教授证明)

4.8 证明:对于任意 $P, Q \in \mathbb{C}$,若 $P =_w Q$,则 $P_\lambda =_\beta Q_\lambda$.

4.9 证明:$(SKK)_\lambda =_\beta \lambda x.\, x$.

4.10 证明引理 4.13.

第五章 Turing 机

本章我们将介绍 Turing 机, 从而给出 Turing 可计算性理论, 这是一个重要的计算模型, 是人们研究计算理论的基础.

A. M. Turing 在 20 世纪 30 年代提出一种机器的概念 (后人称之为 Turing 机) 从而解决了 Entscheidungsproblem(Hilbert 提出的判定问题), 同时为能行性研究提供一种形式的数学基础 [Tur36].Turing 机也是现代计算机的抽象模型.Turing 证明 Turing− 可计算性与递归可计算性等同, 从而支持 Church-Turing 论题.

本章采用 [Mal79] 的机器描述方法并略有修正, 同时增加了一些结果.

§5.1 Turing 机的形式描述

在给出 Turing 机的形式定义之前, 我们先给出一个非形式描述. 将要定义的机器由以下元素组成:

(1) 一条无右端的带, 它被分成格状 (见图 5.1);

图 5.1

(2) 每个格中或空白, 或有记号 ✓;

(3) 一个读头, 它指向某个格. 被读头所指的格中可被印上记号 ✓ 或抹去记号 ✓. 读头可向右移一格或向左移一格;

(4) 机器的内部状态, 一般由一个有穷集组成.

机器读头的动作有四种选择, 究竟做哪一个动作由以下两个因素决定: 机器当前的内部状态和被指格中的内容 (空白或 ✓) .

下面给出一个形式描述:

(1) 空白由 0 表示; 记号 ✓ 由 1 表示;

(2) 带由序列 $a_1 a_2 \cdots a_n \cdots$ 表示, 这里对于 $n \in \mathbb{N}$, $a_n \in \{0, 1\}$;

(3) 机器内部状态由正整数表示且只有有穷个状态;

(4) 一个带位置由二元组 (j,k) 和带 a 组成,它表示在带中第 j 个格被指且当前机器状态为 k, 这里 $(j,k) \in \mathbb{N}^+ \times \mathbb{N}^+$, 记为 $(j,k) : a_1 a_2 \cdots a_n \cdots$;

(5) 机器论域由 $\{0,1\} \times \mathbb{N}^+$ 的有穷子集表示;

(6) "印 –抹"函数 d: 对于带位置 $(j,k) : a_1 a_2 \cdots a_n \cdots$, $d(a_j, k) \in \{0,1\}$, 当 $d(a_j,k)$ 为 1 时, 表示 "印", 为 0 时表示 "抹";

(7) 下一个位置函数 p: 对于带位置 $(j,k) : a_1 a_2 \cdots a_n \cdots$, $p(a_j,k) \in \{-1,0,1\}$, $p(a_j,k)$ 为 $-1, 0, 1$ 分别表示向左、不动、向右移一格;

(8) 下一个状态函数 s: 对于带位置 $(j,k) : a_1 a_2 \cdots a_n \cdots$, $s(a_j,k) \in \mathbb{N}^+$ 表示下一个状态.

定义 5.1 (Turing 机) 设 $D \subset \{0,1\} \times \mathbb{N}^+$ 为有穷集, 函数 $d : D \to \{0,1\}$, $p : D \to \{-1,0,1\}$, $s : D \to \mathbb{N}^+$. 三元组 (d,p,s) 被称为一个 Turing 机, 记作 $M = (d,p,s)$. 称集合 D 为 M 的论域 $\mathrm{Dom}(M)$, 函数 d 为 M 的 "印 –抹" 函数, 函数 p 为 M 的位置函数, 函数 s 为 M 的状态函数.

在本章中, Turing 机被简称为机器.

定义 5.2 设 $M = (d,p,s)$ 为机器, t 为带位置 $(j,k) : a_1 \cdots a_{j-1} a_j a_{j+1} \cdots$. 现定义 t 的后继 $M(t)$ 如下: 若 $(a_j, k) \in \mathrm{Dom}(M)$ 且 $j + p(a_j, k) \geqslant 1$, 则 $M(t)$ 为带位置 $(j + p(a_j,k), s(a_j,k)) : a_1 \cdots a_{j-1} d(a_j,k) a_{j+1} \cdots$; 否则, $M(t)$ 无定义.

若带位置序列 $t_1, \cdots, t_m$ 满足对于任意的 $1 \leqslant i < m$ 都有 $t_{i+1} = M(t_i)$, 则称其为 M 的一个部分计算.

若带位置序列 $t_1, \cdots, t_m$ 为 M 的一个部分计算且 $M(t_m)$ 无定义, 则称其为 M 的一个计算. 这时称 t_1 为此计算的输入, t_m 为此计算的输出.

约定 5.3 若带位置序列 $t_1, \cdots, t_m$ 为 M 的一个计算, 可用符号 $M^r(t_1)$ 表示 t_{r+1}, 其中 $0 \leqslant r < m$.

由于 M 的论域 D 为 $\{0,1\} \times \mathbb{N}^+$ 的有穷子集, 故可用二维表格表示 Turing 机. 下面以 L, O, R 分别替代 $-1, 0, 1$.

例 5.1 设 $M = (d,p,s)$ 由以下构成: $D = \{(0,1), (0,2), (1,1)\}$,

$$d(0,1) = 1, \quad p(0,1) = L, \quad s(0,1) = 2,$$
$$d(0,2) = 1, \quad p(0,2) = O, \quad s(0,2) = 2,$$
$$d(1,1) = 0, \quad p(1,1) = R, \quad s(1,1) = 1.$$

M 的表格 (表 5.1) 表示如下:

表 5.1

	0	1
1	1L2	0R1
2	1O2	

事实上, 可记 $M(0,1) = 1L2$, $M(1,1) = 0R1$, $M(0,2) = 1O2$ 且 $M(1,2)$ 无定义.

约定 5.4 若我们以 ↑ 指向被读项, 有时将带位置

$$(j,k) : a_1 \cdots a_{j-1} a_j a_{j+1} \cdots$$

简记为

$$k : a_1 \cdots a_{j-1} \underset{\uparrow}{a_j} a_{j+1}.$$

例 5.2 下面给出例 5.1 中的机器 M 以 $t = (2,1) : 0\overbrace{11\cdots 1}^{n+1\text{个}}00\cdots$ 为输入的一个计算.

$$t = 1 : 0\underset{\uparrow}{\overbrace{11\cdots 1}^{n+1\text{个}1}}00\cdots \qquad M(1,1) = 0R1$$

$$M(t) = 1 : 00\underset{\uparrow}{\overbrace{11\cdots 1}^{n\text{个}1}}00\cdots \qquad M(1,1) = 0R1$$

$$M^2(t) = 1 : 000\underset{\uparrow}{\overbrace{11\cdots 1}^{n-1\text{个}1}}00\cdots \qquad M(1,1) = 0R1$$

$$M^3(t) = 1 : 0000\underset{\uparrow}{\overbrace{11\cdots 1}^{n-2\text{个}1}}00\cdots \qquad M(1,1) = 0R1$$

$$\cdots\cdots\cdots\cdots$$

$$M^{n+1}(t) = 1 : \overbrace{0\cdots 00}^{n+2\text{个}0}\underset{\uparrow}{0}0\cdots \qquad M(0,1) = 1L2$$

$$M^{n+2}(t) = 2 : \overbrace{0\cdots 0\underset{\uparrow}{0}0}^{n+2\text{个}0}100\cdots \qquad M(0,2) = 1O2$$

$$M^{n+3}(t) = 2 : \overbrace{0\cdots 0}^{n+1\text{个}0}\underset{\uparrow}{1}100\cdots \qquad M(1,2) = \text{无定义}$$

故 $t, M(t), \cdots, M^{n+3}(t)$ 为一个计算.

约定 5.5 (缩写记法)　(1) 1^n 表示 $\overbrace{11\cdots1}^{n\text{个}1}$, 这里 $n \in \mathbb{N}^+$;

(2) $\cdots \underset{\uparrow}{1^n} \cdots$ 表示 $\cdots \underset{\uparrow}{\overbrace{11\cdots1}^{n\text{个}1}} \cdots$;

(3) 0^n 表示 $\overbrace{00\cdots0}^{n\text{个}0}$, 这里 $n \in \mathbb{N}^+$;

(4) $\cdots \underset{\uparrow}{0^n} \cdots$ 表示 $\cdots \underset{\uparrow}{\overbrace{00\cdots0}^{n\text{个}0}} \cdots$;

(5) $\overline{x}$ 表示 1^{x+1}, 这里 $x \in \mathbb{N}$;

(6) $\cdots \underset{\uparrow}{\overline{x}} \cdots$ 表示 $\cdots \underset{\uparrow}{1^{x+1}} \cdots$;

(7) $\overline{(x_1, x_2, \cdots, x_m)}$ 表示 $0\overline{x_1}0\overline{x_2}0\cdots0\overline{x_m}$, 这里 $m \in \mathbb{N}^+$, $x_1, x_2, \cdots, x_m \in \mathbb{N}$;

(8) $\cdots \overline{(x_1, x_2, \cdots, \underset{\uparrow}{x_k}, \cdots, x_m)} \cdots$ 表示 $\cdots 0\overline{x_1}0\overline{x_2}\cdots0\underset{\uparrow}{\overline{x_k}}0\cdots0\overline{x_m}\cdots$;

(9) 输入 $\overline{(x_1, \cdots, x_m)}$ 表示带位置 1 : $\underset{\uparrow}{\overline{(x_1, \cdots, x_m)}}00\cdots$, 这里 $m \in \mathbb{N}^+$, $x_1, x_2, \cdots, x_m \in \mathbb{N}$;

(10) 输出 $\overline{y}$ 表示带位置 $s : 0^k\underset{\uparrow}{\overline{y}}00\cdots$, 这里 $y \in \mathbb{N}, k, s \in \mathbb{N}^+$.

按照以上约定, 例 5.2中的机器 M 输入 $\overline{n}$, 输出 $\overline{1}$.

一个数论函数的 Turing–可计算性定义如下.

定义 5.6 (Turing–可计算)　设 M 为机器, $f : \mathbb{N}^n \to \mathbb{N}$ 为 n 元数论全函数. 若对于任意 $(x_1, \cdots, x_n) \in \mathbb{N}^n$, M 输入 $\overline{(x_1, \cdots, x_n)}$ 可输出 $\overline{f(x_1, \cdots, x_n)}$, 则称机器 M 计算了函数 f. 当存在机器 M 计算函数 f 时, 称函数 f 为 Turing–可计算.

例 5.3　$f(x) = 1$ 为 Turing–可计算.

定理 5.1　本原函数为 Turing–可计算.

证明　(1) 零函数 $Z(x) = 0$ 由表 5.2 定义的机器 $\boxed{Z}$ 计算:

表 5.2

	0	1
1	1O2	0R1

对于 $\boxed{Z}$ 输入 1 : $0\underset{\uparrow}{1}{}^{x+1}0\cdots$，输出 2 : $0^{x+2}\underset{\uparrow}{1}0\cdots$

(2) 后继函数 $S(x) = x+1$ 由表 5.3 定义的机器 $\boxed{S}$ 计算：

表 5.3

	0	1
1	1L2	1R1
2	0R3	1L2

对于 $\boxed{S}$ 输入 1 : $0\underset{\uparrow}{1}{}^{x+1}0\cdots$，输出 3 : $0\underset{\uparrow}{1}{}^{x+2}0\cdots$

(3) 投影函数.

(3.1) $I(x) = x$ 由表 5.4 定义的机器 $\boxed{I}$ 计算：

表 5.4

	0	1
1		1O2

对于 $\boxed{I}$ 输入 1 : $0\underset{\uparrow}{1}{}^{x+1}0\cdots$，输出 2 : $01^{x+1}\underset{\uparrow}{0}\cdots$

(3.2) $K(x,y) = x$ 由表 5.5 定义的机器 $\boxed{K}$ 计算：

表 5.5

	0	1
1	0R2	1R1
2	0L3	0R2
3	0L3	1L4
4	0R5	

对于 $\boxed{K}$ 输入 1 : $0\underset{\uparrow}{1}{}^{x+1}01^{y+1}0\cdots$，输出 5 : $0\underset{\uparrow}{1}{}^{x+1}0\cdots$

(3.3) $L(x,y) = y$ 由表 5.6 定义的机器 $\boxed{L}$ 计算：

表 5.6

	0	1
1	0R2	0R1

对于 $\boxed{L}$ 输入 1: $01^{x+1}01^{y+1}0\cdots$, 输出 2: $00^{x+1}01^{y+1}0\cdots$

对于一般的 $P_i^n(x_1,\cdots,x_n)=x_i$ 可同理构造机器. □

命题 5.2 常数函数, 前驱函数和加法函数为 Turing-可计算.

证明 (1) 函数 $C_l^k(x_1,\cdots,x_k)=l$ 由表 5.7 定义的 Turing 机 $\boxed{C_l^k}$ 计算:

表 5.7

	0	1
1	$0R2$	$0R1$
2	$1R3$	$0R1$
3	$1R4$	
4	$1R5$	
⋮		
i	$1R(i+1)$	
⋮		
$l+2$	$1R(l+3)$	
$l+3$	$0L(l+4)$	
$l+4$	$0R(l+5)$	$1L(l+4)$

(2) 函数 $\mathrm{pred}(x)=\begin{cases}0, & \text{若}\,x=0,\\ x-1, & \text{否则},\end{cases}$ 由表 5.8 定义的 Turing 机 $\boxed{\mathrm{pred}}$ 计算:

表 5.8

	0	1
1		$0R2$
2	$1O3$	

(3) 函数 $\mathrm{add}(x,y)=x+y$ 由表 5.9 或表 5.10 定义的 Turing 机 $\boxed{\mathrm{add}}$ 计算:

表 5.9

	0	1
1	$1L2$	$1R1$
2	$0R3$	$1L2$
3		$0R4$
4		$0R5$

表 5.10

	0	1
1	1R2	1R1
2	0L3	1R2
3		0L4
4		0L5
5	0R6	1L5

□

事实 5.3 (1) 当一个函数为 Turing–可计算时, 必有无穷多个 Turing 机来计算此函数;

(2) 存在 Turing 机其可计算两个不同的函数;

(3) 存在 Turing 机其不能计算任何函数.

§5.2 Turing 机的计算能力

在本节中, 我们将证明所有递归函数皆是 Turing–可计算的, 以展示 Turing 机的计算能力.

定义 5.7 (1) 记号 $M\,|\,t_i \twoheadrightarrow t_o$ 指对于机器 M 输入 t_i 有计算输出 t_o;

(2) 设 $M = (d, p, s)$, $M(i, k) = \langle d(i,k), p(i,k), s(i,k) \rangle$, 令

$$S(M) = \{\, k : (0, k) \in \mathrm{Dom}(M) \,\vee\, (1, k) \in \mathrm{Dom}(M) \,\vee\, k \in \mathrm{Ran}(s) \,\},$$

$S(M)$ 表示 M 所有可取状态构成的集合;

(3) 设 $u = \max S(M) + 1$, 定义机器 $M \downarrow u$ 如下:

$$\mathrm{Dom}(M \downarrow u) = \{\,0, 1\,\} \times S(M),$$
$$(M \downarrow u)(i, k) = \text{if } (i, k) \in \mathrm{Dom}(M) \text{ then } M(i, k) \text{ else } \langle i, O, u \rangle,$$

从而若 $M\,|\,t \twoheadrightarrow (j, k) : a$, 则 $(M \downarrow u)\,|\,t \twoheadrightarrow (j, u) : a$; 事实上, 将 M 的每个停机状态修改为 u 就得到 $M \downarrow u$;

(4) 设 M 为机器且 $l \in \mathbb{N}^*$, 定义机器 $M + l$ 如下:

$$\mathrm{Dom}(M + l) = \{\,(i, l + k) : (i, k) \in \mathrm{Dom}(M)\,\},$$
$$(M + l)(i, l + k) = \langle d(i, k), p(i, k), s(i, k) + l \rangle;$$

事实上, 对 M 的每个状态 k 加上 l 就得 $M + l$;

(5) 设 $u = \max S(M) + 1$，令 $M \Rightarrow M_1$ 为机器 $(M \downarrow u) \cup (M_1 + (u-1))$，它把 M 与 M_1 连接，使 M 的输出作为 M_1 的输入;

(6) 归纳定义 M^k 如下：

$$M^1 = M,$$
$$M^{k+1} = M^k \Rightarrow M;$$

(7) 设机器 M 输入状态为 1 且输出状态为 u，令 repeat M 为 $M[u := 1]$，即将 u 改为 1，这样就循环执行 M.

引理 5.4 设 $f : \mathbb{N} \to \mathbb{N}$, $g : \mathbb{N}^k \to \mathbb{N}$，若 f, g 皆为 Turing–可计算，则 $h(\boldsymbol{x}) = f(g(\boldsymbol{x}))$ 为 Turing–可计算.

证明 设 $\boxed{f}$ 和 $\boxed{g}$ 分别为计算函数 f 和 g 的机器，从而 $\boxed{g} \Rightarrow \boxed{f}$ 为计算 h 的机器. □

对于以上的复合函数的 Turing–可计算性是简单的. 然而，对于复合函数的一般情形，证明较繁，需做一些准备.

引理 5.5 存在机器 $\boxed{\text{double}}$ 计算函数 $f(x) = 2x$.

证明 先构造机器 M_1（表 5.11）：

表 5.11

	0	1
1		$0R2$
2	$0R3$	$1R2$
3	$1R4$	$1R3$
4	$1R5$	
5	$0L6$	
6	$0L7$	$1L6$
7	$0R8$	$1L7$
8	$0R9$	$1Ou$

我们有：

(1) $M_1 \mid 1 : \cdots 0\underset{\uparrow}{1}01^k 0 \cdots \to 9 : \cdots 000\underset{\uparrow}{1}^{k+2} 0 \cdots$，其中 $k \geqslant 0$;

(2) $M_1 \mid 1 : \cdots 0\underset{\uparrow}{1}^j 01^k 0 \cdots \to u : \cdots 001^{j-1}0\underset{\uparrow}{1}^{k+2} 0 \cdots$，其中 $j > 1$ 且 u 为变元.

令 M_2 为 repeat M_1，则

$$M_2 \mid 1: \cdots 01^j_\uparrow 01^k 0 \cdots \twoheadrightarrow 9: \cdots 01^{k+2j}_\uparrow 0 \cdots$$

事实上，取 M_2 为 $M_1[u:=1]$，即在 M_1 中取 u 为 1，则

$$M_2 \mid 1: 01^{x+1}_\uparrow 0 \cdots \twoheadrightarrow 9: 00^{x+1} 01^{2x+2}_\uparrow 0 \cdots$$

令 M_3 为 (表 5.12)

表 5.12

	0	1
9		0R10

则 $\boxed{\text{double}} = M_2 \mapsto M_3$ 计算了函数 $f(x) = 2x$. □

下面我们引入一些机器使其完成复制工作.

引理 5.6 存在机器 $\boxed{\text{copy}_2}$ 使得对于任意 $x, y \in \mathbb{N}$，都有

$$\boxed{\text{copy}_2} \mid \overline{(x,y)} \twoheadrightarrow \overline{(x,y,x)}_\uparrow.$$

证明 令机器 M_1 为 (表 5.13)

表 5.13

	0	1
1		1R2
2	0L3	0R2
3	0L3	1R4

易见 $M_1 \mid 1: 01^x_\uparrow 01^y 0 \cdots \twoheadrightarrow 4: 010^x_\uparrow 1^y 0 \cdots$，这里 $x, y > 0$.

令机器 M_2 为 (表 5.14)

表 5.14

	0	1
1	0R1	1R2
2	0R3	1R2
3	1L4	1R3
4	0L5	1L4

	0	1
5	$0L6$	$1L5$
6	$0L6$	$1R7$
7	$0R8$	
8	$0L9$	$1Ou$
9	$1Rv$	

则对于输入 $1:01^j0^{x-j+1}1^y01^k00\cdots$，$M_2$ 有以下计算过程：

$$1:01^j0^{x-j+1}1^y01^k00\cdots \qquad (0R1)$$

$$1:01^j0^{x-j+1}1^y01^k00\cdots \qquad (1R2)$$

$$2:01^j0^{x-j+1}1^y01^k00\cdots \qquad (0R3)$$

$$3:01^j0^{x-j+1}1^y01^k00\cdots \qquad (1R3)$$

$$3:01^j0^{x-j+1}1^y01^k00\cdots \qquad (1L4)$$

$$4:01^j0^{x-j+1}1^y01^{k-1}110\cdots \qquad (1L4)$$

$$4:01^j0^{x-j+1}1^y01^{k+1}0\cdots \qquad (0L5)$$

$$5:01^j0^{x-j+1}1^{y-1}101^{k+1}0\cdots \qquad (1L5)$$

$$5:01^j0^{x-j}01^y01^{k+1}0\cdots \qquad (0L6)$$

$$6:01^j0^{x-j+1}1^y01^{k+1}0\cdots \qquad (0L6)$$

$$6:01^{j-1}10^{x-j+1}1^y01^{k+1}0\cdots \qquad (1R7)$$

$$7:01^j0^{x-j+1}1^y01^{k+1}0\cdots \qquad (0R8)$$

当 $j < x$ 时，

$$8:01^j00^{x-j}1^y01^{k+1}0\cdots \qquad (0L9)$$

$$9:01^j0^{x-j+1}1^y01^{k+1}0\cdots \qquad (1Rv)$$

$$v:01^{j+1}0^{x-j}1^y01^{k+1}0\cdots \qquad (停)$$

当 $j = x$ 时,

$$8 : 01^x \underset{\uparrow}{0} 1^y 01^{k+1} 0 \cdots \quad (10\text{u})$$

$$u : 01^x \underset{\uparrow}{0} 1^y 01^{k+1} 0 \cdots \quad (\text{停})$$

因此有

当 $j < x$ 时, $M_2 \,|\, 1 : 01^j \underset{\uparrow}{0}^{x-j+1} 1^y 01^k 0 \cdots \twoheadrightarrow v : 01^{j+1} \underset{\uparrow}{0}^{x-j} 1^y 01^{k+1} 0 \cdots$

当 $j = x$ 时, $M_2 \,|\, 1 : 01^x \underset{\uparrow}{0} 1^y 01^k 0 \cdots \twoheadrightarrow u : 01^x \underset{\uparrow}{0} 1^y 01^{k+1} 0 \cdots$

令 $M_3 = \text{repeat } M_2$, 即 $M_3 = M_2[v := 1]$, 则

$$M_3 \,|\, 1 : 01\underset{\uparrow}{0}^x 1^y 0 \cdots \twoheadrightarrow u : 01^x \underset{\uparrow}{0} 1^y 01^x \cdots$$

令 $\boxed{\text{copy}_2} = M_1 \Longmapsto M_3$ 即可. $\square$

同理可证下述引理:

引理 5.7 设 $k \in \mathbb{N}^+$, 存在机器 $\boxed{\text{copy}_k}$, 使得对于任意 $x_1, \cdots, x_k \in \mathbb{N}$, 都有

$$\boxed{\text{copy}_k} \,|\, \overline{(x_1, \cdots, x_k)} \twoheadrightarrow \overline{(x_1, \underset{\uparrow}{x_2}, \cdots, x_k, x_1)}$$

推论 5.8 设 $k \in \mathbb{N}^+$, 对于任意 $x_1, \cdots, x_k \in \mathbb{N}$, 都有

$$\boxed{\text{copy}_k}^k \,|\, \overline{(x_1, \cdots, x_k)} \twoheadrightarrow \overline{(x_1, \cdots, x_k, \underset{\uparrow}{x_1}, \cdots, x_k)}$$

引理 5.9 存在机器 $\boxed{\text{compress}}$, 使得对于任意 $m, m \in \mathbb{N}^+$, 都有

$$\boxed{\text{compress}} \,|\, \cdots 10^m \underset{\uparrow}{1}^n 0 \cdots \twoheadrightarrow \cdots 10\underset{\uparrow}{1}^n 0^m \cdots$$

证明 令 M_1 为机器 (表 5.15)

表 5.15

	0	1
1		1L2
2	1L3	0Ru
3	0R4	1R2
4	0L5	1R4
5		0L6
6	0Rv	1L6

当 $m > 1$ 时,$M_1 \mid 1 : \cdots 10^m 1^n 0 \cdots \twoheadrightarrow v : \cdots 10^{m-1} 1^n 00 \cdots$
$\qquad\qquad\qquad\qquad\quad\uparrow\qquad\qquad\qquad\qquad\qquad\uparrow$

当 $m = 1$ 时,$M_1 \mid 1 : \cdots 101^n 0 \cdots \twoheadrightarrow u : \cdots 101^n 0 \cdots$
$\qquad\qquad\qquad\qquad\quad\uparrow\qquad\qquad\qquad\qquad\uparrow$

故取 $\boxed{\text{compress}} = M_1[v := 1]$ 即可。 □

引理 5.10 存在机器 $\boxed{\text{erase}}$ 使得对于任意 $x \in \mathbb{N}^+$,都有

$$\boxed{\text{erase}} \mid \cdots 1^x 01 \cdots \twoheadrightarrow \cdots 0^x 01 \cdots$$
$\qquad\qquad\quad\uparrow\qquad\qquad\quad\uparrow$

证明 令 $\boxed{\text{erase}}$ 为机器 (表 5.16)。

表 5.16

	0	1
1	0R2	0R1

□

引理 5.11 (1) 存在机器 $\boxed{\text{shiftr}}$ 使得对于任意 $x, y \in \mathbb{N}^+$,都有

$$\boxed{\text{shiftr}} \mid \cdots 01^x 01^y 0 \cdots \twoheadrightarrow \cdots 01^x 01^y 0 \cdots$$
$\qquad\qquad\qquad\uparrow\qquad\qquad\qquad\qquad\uparrow$

(2) 存在机器 $\boxed{\text{shiftl}}$ 使得对于任意 $x, y \in \mathbb{N}^+$,都有

$$\boxed{\text{shiftl}} \mid \cdots 01^x 01^y 0 \cdots \twoheadrightarrow \cdots 01^x 01^y 0 \cdots$$
$\qquad\qquad\qquad\qquad\uparrow\qquad\qquad\qquad\uparrow$

证明 (1) 令 $\boxed{\text{shiftr}}$ 为 (表 5.17)。

表 5.17

	0	1
1	0R2	1R1

(2) 令 $\boxed{\text{shiftl}}$ 为 (表 5.18)。

表 5.18

	0	1
1	0L2	1L1
2	0R3	1L2

□

定理 5.12 设 $f : \mathbb{N}^2 \to \mathbb{N}$,$h, g \in \mathbb{N}^k \to \mathbb{N}$,若 f, h, g 为 Turing–可计算,则 $F(\vec{n}) = f(h(\vec{n}), g(\vec{n}))$ 为 Turing–可计算,这里 $\vec{n} \in \mathbb{N}^k$。

§5.2 Turing 机的计算能力

证明 设机器 $\boxed{f}, \boxed{h}, \boxed{g}$ 分别计算函数 f, h, g. 令机器 $\boxed{F}$ 为

$$\boxed{\text{copy}_k}^k \Rightarrow \boxed{h} \Rightarrow \boxed{\text{compress}} \Rightarrow \boxed{\text{shiftl}}^k \Rightarrow \boxed{\text{copy}_{k+1}}^k$$
$$\Rightarrow \boxed{\text{shiftr}} \Rightarrow \boxed{g} \Rightarrow \boxed{\text{compress}} \Rightarrow \boxed{\text{shiftl}}^{k+1} \Rightarrow \boxed{\text{erase}}^k \Rightarrow \boxed{f}$$

则

$$0\overline{n_1}0\overline{n_2}0\cdots 0\overline{n_k}0\cdots$$
$$\uparrow$$

$\boxed{\text{copy}_k}^k \to 0\overline{n_1}0\overline{n_2}0\cdots 0\overline{n_k}0\overline{n_1}0\overline{n_2}0\cdots 0\overline{n_k}0\cdots$

$\boxed{h} \to 0\overline{n_1}0\overline{n_2}0\cdots 0\overline{n_k}0^{l+1}\overline{h(\vec{n})}0\cdots$ 其中 $l \geqslant 0$

$\boxed{\text{compress}} \to 0\overline{n_1}0\overline{n_2}0\cdots 0\overline{n_k}0\overline{h(\vec{n})}0\cdots$

$\boxed{\text{shiftl}}^k \to 0\overline{n_1}0\overline{n_2}0\cdots 0\overline{n_k}0\overline{h(\vec{n})}0\cdots$

$\boxed{\text{copy}_{k+1}}^k \to 0\overline{n_1}0\overline{n_2}0\cdots 0\overline{n_k}0\overline{h(\vec{n})}0\overline{n_1}0\overline{n_2}0\cdots 0\overline{n_k}0\cdots$

$\boxed{\text{shiftr}} \to 0\overline{n_1}0\overline{n_2}0\cdots 0\overline{n_k}0\overline{h(\vec{n})}0\overline{n_1}0\overline{n_2}0\cdots 0\overline{n_k}0\cdots$

$\boxed{g} \to 0\overline{n_1}0\overline{n_2}0\cdots 0\overline{n_k}0\overline{h(\vec{n})}0^{m+1}\overline{g(\vec{n})}0\cdots$ 其中 $m \geqslant 0$

$\boxed{\text{compress}} \to 0\overline{n_1}0\overline{n_2}0\cdots 0\overline{n_k}0\overline{h(\vec{n})}0\overline{g(\vec{n})}0\cdots$

$\boxed{\text{shiftl}}^{k+1} \to 0\overline{n_1}0\overline{n_2}0\cdots 0\overline{n_k}0\overline{h(\vec{n})}0\overline{g(\vec{n})}0\cdots$

$\boxed{\text{erase}}^k \to 0^r 0\overline{h(\vec{n})}0\overline{g(\vec{n})}0\cdots$ 其中 $r \geqslant 0$

$\boxed{f} \to 0^q 0\overline{f(h(\vec{n}), g(\vec{n}))}0\cdots$ 其中 $q \geqslant 0$

所以 $\boxed{F}$ 为计算函数 F 的机器. □

定理 5.13 Turing-可计算函数类对于复合算子封闭.

证明 对于复合的一般情形, 与定理 5.12 同理可证. □

定理 5.14 设 $g: \mathbb{N} \to \mathbb{N}, f: \mathbb{N}^2 \to \mathbb{N}$ 定义如下:
$$f(0, y) = y,$$
$$f(x+1, y) = g(f(x, y)),$$

即 f 为 g 的原始复迭式 It $[g]$. 若 g 为 Turing–可计算, 则 f 为 Turing–可计算.

证明 设机器 $\boxed{g}$ 计算函数 g, 即

$$\boxed{g} \mid 1 : \cdots 0\overline{n}0 \cdots \to \cdots 0\overline{g(n)}0 \cdots$$

先构造机器 M_1 如表 5.19.

表 5.19

	0	1
1		0R2
2	0Rv	1R3
3	0R4	1R3

易见,

若 $x = 0$ 则 $M_1 \mid 1 : 0\overline{x}0\overline{y}0 \cdots \to v : 000\overline{y}0 \cdots$

若 $x > 0$ 则 $M_1 \mid 1 : 0\overline{x}0\overline{y}0 \cdots \to 4 : 001^x 0\overline{y}0 \cdots$

令 M_2 为 $M_1 \mapsto \boxed{g} + 3 \mapsto \boxed{\text{compress}} \mapsto \boxed{\text{shift1}}$, 从而

若 $x = 0$, 则 $M_2 \mid 1 : 0\overline{x}0\overline{y}0 \cdots \to v : 000\overline{y}0 \cdots$

若 $x > 0$, 则 $M_2 \mid 1 : 0\overline{x}0\overline{y}0 \cdots \to w : 001^x 0\overline{g(y)}0 \cdots$, 其中 w 为 M_2 输出时的状态.

令 $\boxed{f} = \text{repeat } M_2$, 即 $\boxed{f} = M_2[w := 1]$ 即可. □

推论 5.15 Turing–可计算函数类对于原始复迭算子封闭, 从而对原始递归算子封闭.

定理 5.16 设 $g : \mathbb{N}^2 \to \{0, 1\}$, $f(x) = \mu y. [g(x, y)]$, 若 g 为 Turing–可计算, 则 f 为 Turing–可计算.

证明 设机器 $\boxed{g}$ 计算函数 g, 即

$$\boxed{g} \mid 1 : 0\overline{x}0\overline{y}0 \cdots \to \cdots 0\overline{g(x,y)}0 \cdots$$

令机器 M_1 为 (表 5.20)

表 5.20

	0	1
1		$0R2$
2	$0L3$	$0L5$
3	$0L3$	$1L4$
4	$0Ru$	$1L4$
5	$0L5$	$1L6$
6	$0Rv$	$1L6$

则对于输入 $1: 0\bar{x}0\bar{y}0\bar{0}0\cdots$,$M_1$ 有以下计算过程:

$$1: 0\bar{x}0\bar{y}0\underset{\uparrow}{1}00\cdots \qquad (0R2)$$

$$2: 0\bar{x}0\bar{y}0\underset{\uparrow}{0}00\cdots \qquad (0L3)$$

$$3: 0\bar{x}0\bar{y}\underset{\uparrow}{0}000\cdots \qquad (0L3)$$

$$3: 0\bar{x}0\overline{(y-1)}\underset{\uparrow}{1}0000\cdots \qquad (1L4)$$

$$4: 0\bar{x}0\bar{y}\underset{\uparrow}{0}000\cdots \qquad (0Ru)$$

$$u: 0\bar{x}0\bar{y}0\underset{\uparrow}{0}00\cdots$$

对于输入 $1: 0\bar{x}0\bar{y}0\underset{\uparrow}{\bar{1}}0\cdots$,$M_1$ 有以下计算过程:

$$1: 0\bar{x}0\bar{y}0\underset{\uparrow}{1}10\cdots \qquad (0R2)$$

$$2: 0\bar{x}0\bar{y}0\underset{\uparrow}{0}10\cdots \qquad (0L5)$$

$$5: 0\bar{x}0\bar{y}\underset{\uparrow}{0}000\cdots \qquad (0L5)$$

$$5: 0\bar{x}0\overline{(y-1)}\underset{\uparrow}{1}0000\cdots \qquad (1L6)$$

$$6: 0\bar{x}0\bar{y}\underset{\uparrow}{0}000\cdots \qquad (0Rv)$$

$$v: 0\bar{x}0\bar{y}0\underset{\uparrow}{0}00\cdots$$

从而有

$$M_1 \mid 1: 0\bar{x}0\bar{y}0\underset{\uparrow}{\bar{0}}0\cdots \to u: 0\bar{x}0\bar{y}0\underset{\uparrow}{0}0\cdots$$

$$M_1 \mid 1: 0\bar{x}0\bar{y}0\underset{\uparrow}{\bar{1}}0\cdots \to v: 0\bar{x}0\bar{y}0\underset{\uparrow}{0}0\cdots$$

令机器 M_2 为

$$M_1 \Longmapsto \boxed{S} + (v-1) \Longmapsto \boxed{\text{shiftl}} \Longmapsto \boxed{\text{copy}_2}^2 \Longmapsto \boxed{g} \Longmapsto \boxed{\text{compress}}$$

其中 $\boxed{S}$ 为计算后继函数 $S(x) = x+1$ 的机器,则对于输入 $1: 0\bar{x}0\bar{y}0\overset{\uparrow}{0}0\cdots$, M_2 有以下计算过程:

$$0\bar{x}0\bar{y}0\overset{\uparrow}{1}00\cdots$$
$$\boxed{M_1} \twoheadrightarrow 0\bar{x}0\bar{y}0\overset{\uparrow}{0}00\cdots \qquad (\text{停})$$

对于输入 $1: 0\bar{x}0\bar{y}0\overset{\uparrow}{\bar{1}}0\cdots$, M_2 有以下计算过程:

$$0\bar{x}0\bar{y}0\overset{\uparrow}{1}10\cdots$$
$$\boxed{M_1} \twoheadrightarrow 0\bar{x}0\bar{y}0\overset{\uparrow}{0}00\cdots$$
$$\boxed{S} \twoheadrightarrow 0\bar{x}0\overline{(y+1)}\overset{\uparrow}{0}\cdots$$
$$\boxed{\text{shiftl}} \twoheadrightarrow 0\bar{x}0\overset{\uparrow}{\overline{(y+1)}}0\cdots$$
$$\boxed{\text{copy}_2}^2 \twoheadrightarrow 0\bar{x}0\overline{(y+1)}0\overset{\uparrow}{\bar{x}}0\overline{(y+1)}0\cdots$$
$$\boxed{g} \twoheadrightarrow 0\bar{x}0\overline{(y+1)}0\cdots 0\overset{\uparrow}{g(x,y+1)}0\cdots$$
$$\boxed{\text{compress}} \twoheadrightarrow 0\bar{x}0\overline{(y+1)}0\overset{\uparrow}{g(x,y+1)}0\cdots \qquad (\text{停})$$

从而有

(1) $M_2 \mid 0\bar{x}0\bar{y}0\overset{\uparrow}{0}0\cdots \twoheadrightarrow 0\bar{x}0\bar{y}0\overset{\uparrow}{0}00\cdots$

(2) $M_2 \mid 0\bar{x}0\bar{y}0\overset{\uparrow}{\bar{1}}0\cdots \twoheadrightarrow 0\bar{x}0\overline{(y+1)}0\overset{\uparrow}{g(x,y+1)}0\cdots$

令机器 M_3 为 (表 5.21)

表 5.21

	0	1
1	0R2	1R1
2	1L3	
3	0L4	
4	0R5	1L4

则对于输入 $1:0\overline{x}0\cdots$, M_3 有以下计算过程：

$$1:0\overline{x}000\cdots \quad (1R1)$$

$$1:0\overline{x}000\cdots \quad (0R2)$$

$$2:0\overline{x}000\cdots \quad (1L3)$$

$$3:0\overline{x}010\cdots \quad (0L4)$$

$$4:0\overline{x-1}1010\cdots \quad (1L4)$$

$$4:0\overline{x}010\cdots \quad (0R5)$$

$$5:0\overline{x}010\cdots \quad (\text{停})$$

从而有 $M_3\,|\,1:0\overline{x}0\cdots \rightarrowtail 5:0\overline{x}0\overline{0}\cdots$.

令机器 $\boxed{f}$ 为

$$M_3 \rightarrowtail \boxed{\text{copy}_2}^2 \rightarrowtail \boxed{g} \rightarrowtail \boxed{\text{compress}} \rightarrowtail \text{repeat}\, M_2 \rightarrowtail \boxed{\text{shiftr}} \rightarrowtail \boxed{\text{erase}}$$

其中 repeat M_2 为 $M_2[v:=1]$，则对于输入 $1:0\overline{x}0\cdots$，$\boxed{f}$ 有以下计算过程：

$$0\overline{x}0\cdots$$

$$M_3 \rightarrowtail 0\overline{x}0\overline{0}\cdots$$

$$\boxed{\text{copy}_2}^2 \rightarrowtail 0\overline{x}0\overline{0}\overline{x}0\overline{0}\cdots$$

$$\boxed{g} \rightarrowtail 0\overline{x}0\overline{0}\cdots 0\overline{g(x,0)}0\cdots$$

$$\boxed{\text{compress}} \rightarrowtail 0\overline{x}0\overline{0}\overline{g(x,0)}0\cdots$$

$$M_2 \rightarrowtail \begin{cases} 0\cdots 0\overline{0}0\cdots \quad (\text{停}) & \text{若}\ g(x,0)=0 \\ 0\overline{x}0\overline{1}0\overline{g(x,1)}0\cdots & \text{若}\ g(x,0)=1 \end{cases}$$

$$M_2 \rightarrowtail \begin{cases} 0\cdots 0\overline{1}0\cdots \quad (\text{停}) & \text{若}\ g(x,1)=0 \\ 0\overline{x}0\overline{2}0\overline{g(x,2)}0\cdots & \text{若}\ g(x,1)=1 \end{cases}$$

$$\vdots$$

易见对于机器 $\boxed{f}$, 输入 $\bar{x}$.

若 $g(x,y)$ 对于 y 有零点, 输出 g 的最小零点 $\overline{f(x)}$; 否则, $\boxed{f}$ 在该输入上永不停机. 因此, $\boxed{f}$ 计算了函数 $f(x) = \mu y.\,[g(x,y)]$. □

推论 5.17 Turing–可计算函数类对于正则 μ-算子封闭.

当运用 μ–算子时, 会产生部分函数, 故需要对部分函数的 Turing–可计算性进行表述.

定义 5.8 设 $k \in \mathbb{N}^+$, f 为 n 元部分数论函数, M 为机器, $\mathrm{Dom}(f) \subset \mathbb{N}^n$ 且 $\mathrm{Ran}(f) \subset \mathbb{N}$. 我们称 M 部分计算 f 是指对于任意 $x_1, \cdots, x_n \in \mathbb{N}^n$, 对 M 输入 $\overline{(x_1, \cdots, x_n)}$, 则

当 $f(x_1, \cdots, x_n)$ 有定义时, M 输出 $\overline{f(x_1, \cdots, x_n)}$;

当 $f(x_1, \cdots, x_n)$ 无定义时, M 无输出.

这时称 f 为部分 Turing–可计算.

定理 5.18 (1) 若 f 是一般递归函数, 则 f 是 Turing–可计算的;
(2) 若 f 是部分递归函数, 则 f 是部分 Turing–可计算的.

证明 (1) 由第一章的结果知, 任何一般递归函数可由本原函数出发, 经复合、原始复迭式和正则 μ–算子作用而得, 故由定理 5.1、定理 5.13、定理 5.14 和定理 5.16 知任何一般递归函数是 Turing–可计算的;

(2) 与上同理可证. □

§5.3 可判定性与停机问题

本节介绍由 Turing 给出的著名结果: 停机问题不可判定 [Tur36].

定义 5.9 设 A 为 $\mathbb{N}$ 的子集, A 是可判定的指 A 的特征函数 χ_A 是 Turing–可计算的, 即有机器 M_A, 其对于输入 $\bar{x}$, 若 $x \in A$, 则输出 $\bar{0}$; 否则, 输出 $\bar{1}$. A 是可判定的有时也称 A 是 Turing–可计算的.

例 5.4 $\mathrm{Even} = \{2x : x \in \mathbb{N}\}$ 为 Turing–可计算的.

下面对机器进行编码. 其中用到的 Gödel 编码定义为

$$\langle x_0, \cdots, x_n \rangle = \prod_{i=0}^{n} [p_i^{x_i}].$$

具体参见定义 1.11.

定义 5.10 (Turing 机的编码) 设 M 为机器, 定义 M 的编码 $\sharp M$ 如下.
(1) 对于机器中出现的单个符号定义如表 5.22.

表 5.22

符号 s	带符号 0	带符号 1	L	O	R	状态 j
编码 $\sharp s$	0	1	2	3	4	j

(2) 设 r_i 为 M 的第 i 行,

- 每个机器的第 0 行 r_0 为 $\boxed{|0|1}$;

- 若 r_i 为 $\boxed{j\,|\,xyz\,|\,uvw}$, 则 $\sharp r_i = \langle \sharp j, \sharp x, \sharp y, \sharp z, \sharp u, \sharp v, \sharp w \rangle$;

- 约定 $\boxed{j\,|\,xyz\,|\,}$ 为 $\boxed{j\,|\,xyz\,|\,RRR}$;

- 约定 $\boxed{j\,|\,|\,uvw}$ 为 $\boxed{j\,|\,LLL\,|\,uvw}$.

(3) 设 M 共有 $k+1$ 行, 即 $r_0, r_1, \cdots, r_k$, 定义

$$\sharp M = \langle \sharp r_1, \cdots, \sharp r_k \rangle.$$

注意, 第 0 行不参与编码.

命题 5.19 (1) $\sharp M_1 = \sharp M_2$ 当且仅当 $M_1 \equiv M_2$, 这里 $\equiv$ 表示语法恒同;
(2) 从 $\sharp M$ 可能行地求出 M.

定义 5.11 设 M 为机器,
(1) M 对于输入 A 停机 (halt) 指从 A 开始由 M 决定的带位置的完全序列是有穷的.
(2) $K = \{\sharp M : M \text{对于输入} \overline{\sharp M} \text{停机} \}$;
(3) $\hat{K} = \{\sharp M : M \text{对于一切输入皆停机} \}$.

定理 5.20 (自停机问题) K 是不可判定的.

证明 反设 K 可判定, 从而 $\chi_K(x)$ 为 Turing–可计算, 即有机器 M_1, 使得
当 $x \in K$ 时, $M_1 \,|\, 1 : 0\overline{x}0\cdots \twoheadrightarrow u : \cdots 0\overline{0}0\cdots$
当 $x \notin K$ 时, $M_1 \,|\, 1 : 0\overline{x}0\cdots \twoheadrightarrow v : \cdots 0\overline{1}0\cdots$
取 $w > u + v$, 令 $M_2 = M_1[u := w][v := w]$, 从而 M_2 的输出状态皆为 w, 即

当 $x \in K$ 时, $M_1 \,|\, 1 : 0\overline{x}0\cdots \twoheadrightarrow w : \cdots 0\overline{0}0\cdots$

当 $x \notin K$ 时, $M_1 \,|\, 1 : 0\overline{x}0\cdots \twoheadrightarrow w : \cdots 0\overline{1}0\cdots$

令 M_3 为 (表 5.23)

表 5.23

	0	1
w		$1R(w+1)$
$w+1$	$0R(w+1)$	$0L(w+2)$

令 $M = M_2 \mapsto M_3$, 于是

当 $x \in K$ 时, M 对于输入 $\overline{x}$ 有以下计算过程

$$1 : 0\overline{x}0\cdots$$
$$M_2 \twoheadrightarrow w : 0\cdots 0\overline{1}000\cdots$$
$$M_3 \twoheadrightarrow w+1 : 0\cdots 010\overline{0}0\cdots$$
$$\twoheadrightarrow w+1 : 0\cdots 0100\overline{0}\cdots$$
$$\twoheadrightarrow \cdots$$

所以

$$x \in K \Rightarrow M \text{ 对于输入 } \overline{x} \text{ 不停机}; \tag{5.1}$$

当 $x \notin K$ 时, M 对于输入 $\overline{x}$ 有以下计算过程

$$1 : 0\overline{x}0\cdots$$
$$M_2 \twoheadrightarrow w : 0\cdots 0\overline{1}1000\cdots$$
$$M_3 \twoheadrightarrow w+1 : 0\cdots 011\overline{0}00\cdots$$
$$\twoheadrightarrow w+2 : 0\cdots 01\overline{0}000\cdots \quad (\text{停})$$

所以

$$x \notin K \Rightarrow M \text{ 对于输入 } \overline{x} \text{ 停机}; \tag{5.2}$$

由式 (5.1) 和式 (5.2) 知,

$$x \in K \Leftrightarrow M \text{ 对于输入 } \overline{x} \text{ 不停机},$$

取 x 为 $\sharp M$, 得

$$\sharp M \in K \Leftrightarrow M \text{ 对于输入 } \overline{\sharp M} \text{ 不停机} \Leftrightarrow \sharp M \notin K.$$

矛盾! □

定理 5.21 (停机问题的不可判定性) $\hat{K}$ 不可判定.

证明 设 M 为机器, 令 $\hat{M} = M_1 \mapsto M$, 这里 M_1 为计算常数函数 $C\sharp^M(x) = \sharp M$ 的机器.

令

$$g(m) = \begin{cases} \sharp \hat{M}, & \text{若有机器 } M \text{ 使 } m = \sharp M, \\ 0, & \text{否则}, \end{cases}$$

可证 $g(m)$ 是一般递归函数 (留作习题). 易见 $g(\sharp M) = \sharp \hat{M}$.

因为

$$g(\sharp M) \in \hat{K}$$
$$\Leftrightarrow \sharp \hat{M} \in \hat{K}$$
$$\Leftrightarrow \hat{M} \text{ 对于一切输入皆停机}$$
$$\Leftrightarrow M \text{ 对于输入 } \overline{\sharp M} \text{ 停机}$$
$$\Leftrightarrow \sharp M \in K,$$

所以

$$\hat{K} \text{ 可判定} \Rightarrow K \text{ 可判定}.$$

故由定理 5.20 知, $\hat{K}$ 不可判定. □

问题 (停机问题) 是否存在能行过程 (effective procedure) 来判定机器对所有输入皆停机?

根据定理 5.21, 答案是否定的, 即停机问题不可判定.

§5.4 通用 Turing 机

定义 5.12 设 A 为带位置:$(j,k) : a_1 a_2 \cdots a_j \cdots$, 设 $t \in \mathbb{N}^+$ 满足 $t \geqslant j$ 且 $\forall i > t. a_i = 0. A$ 的编码定义为

$$\sharp_t A = p_0^j p_1^k p_2^{d_1} \cdots p_{t+1}^{d_t},$$

其中

$$d_i = \begin{cases} 1, & \text{若 } a_i \text{ 为 } 1, \\ 2, & \text{若 } a_i \text{ 为 } 0, \end{cases} \quad (1 \leqslant i \leqslant t).$$

若令 $d_{-1} = j, d_0 = k$, 则

$$\sharp_t A = \prod_{i=0}^{t+1} p_i^{d_{i-1}} = \langle d_{-1}, d_0, d_1, \cdots, d_t \rangle.$$

注意, 这里假设带位置 A 中仅有有穷个 1, 在 a_t 后面的 a_i 皆为 0.

例 5.5 设 A 为 $(5,8) : 0101110000\cdots$, 则

$$\sharp_6 A = 2^5 \cdot 3^8 \cdot 5^2 \cdot 7^1 \cdot 11^2 \cdot 13 \cdot 17 \cdot 19,$$
$$\sharp_7 A = 2^5 \cdot 3^8 \cdot 5^2 \cdot 7^1 \cdot 11^2 \cdot 13 \cdot 17 \cdot 19 \cdot 23^2.$$

事实上, 可取 t 为满足 $t \geqslant j$ 且 $\forall i > t . a_i = 0$ 的最小 t, 这样令 $\sharp A = \sharp_t A$, 则 $\sharp A$ 是唯一确定的.

引理 5.22 设标准输入 $(2,1) : \overline{(n_1, \cdots, n_k)}$ 的编码为 $\text{code}(n_1, \cdots, n_k)$, 则 $\text{code}(n_1, \cdots, n_k)$ 为 Turing-可计算.

证明 设 A 为 $(2,1) : \overline{(n_1, \cdots, n_k)}$, 即 A 为

$$(2,1) : 01^{n_1+1} 01^{n_2+1} 0 \cdots 01^{n_k+1} 0 \cdots$$

满足条件 $t \geqslant 2$ 且 $\forall i > t . a_i = 0$ 的最小 t 为

$$t = \left(\sum_{i=1}^{k} n_i \right) + 2k.$$

因此 $t = t(\vec{n}) \in \mathcal{EF}$, 这里 $\vec{n}$ 为 $(n_1, \cdots, n_k)$ 的简写.

我们有

$$\text{code}(\vec{n}) = \sharp_t A = \prod_{i=0}^{t+1} p_i^{c(i,\vec{n})},$$

其中

$$c(i, \vec{n}) = \begin{cases} 2, & \text{若 } i = 0, 2 \text{ 或 } 2 + \sum_{j=1}^{l}(n_j + 2), \ l = 1, 2, \cdots, k-1, \\ 1, & \text{否则.} \end{cases}$$

因为谓词

$$P(i,\vec{n}) \equiv (i=0) \vee (i=2)$$
$$\vee\ (i = 2 + (n_1 + 2))$$
$$\cdots\cdots\cdots\cdots$$
$$\vee\ (i = 2 + (n_1 + 2) + \cdots + (n_{k-1} + 2))$$

为初等谓词, 所以

$$c(i,\vec{n}) = \text{if } P(i,\vec{n}) \text{ then } 2 \text{ else } 1$$

为初等函数. 故 $\text{code}(\vec{n})$ 为初等函数, 因此 $\text{code}(\vec{n})$ 为 Turing–可计算. □

推论 5.23 存在机器 $\boxed{\text{code}}$ 使得对于任意 $m \in \mathbb{N}$, 都有

$$\boxed{\text{code}}\,|\,\overline{\underset{\uparrow}{(m},n_1,\cdots,n_k)} \twoheadrightarrow \overline{\underset{\uparrow}{(m},\text{code}(n_1,\cdots,n_k))}.$$

证明 因为初等函数 $\text{code}(n_1,\cdots,n_k)$ 为 Turing–可计算, 所以有机器 $\boxed{\text{c}}$ 计算它. 令 $\boxed{\text{code}}$ 为

$$\boxed{\text{shiftr}} \Longmapsto \boxed{\text{c}} \Longmapsto \boxed{\text{compress}} \Longmapsto \boxed{\text{shiftl}}$$

即可. □

引理 5.24 存在机器 $\boxed{\text{decode}}$ 使得 $\boxed{\text{decode}}\,|\,\overline{\underset{\uparrow}{\text{code}(n)}} \twoheadrightarrow \overline{\underset{\uparrow}{n}}$.

证明 $\text{code}(n)$ 为 $(2,1):\overline{(n)}$ 即 $(2,1):01^{n+1}0\cdots$ 的编码, 故

$$\text{code}(n) = 2^2 \cdot 3^1 \cdot \text{p}_2^2\, \text{p}_3 \cdots \text{p}_{n+3}.$$

令

$$\text{decode}(y) = \max z \leqslant y.\ [\text{p}_{z+3} \mid y],$$

从而 $\text{decode}(\text{code}(n)) = n$. 易见 $\text{decode}(y) \in \mathcal{EF}$, 故有机器 $\boxed{\text{decode}}$ 计算 $\text{decode}(y)$, 从而结论成立. □

事实上, 存在 $\boxed{\text{decode}}: 1\natural_t A \twoheadrightarrow A$, 这里 A 为带位置.(留作习题)

引理 5.25 存在二元 Turing–可计算函数 $\text{STP}: \mathbb{N}^2 \to \mathbb{N}$, 使得
若 $M(A)$ 有定义, 则 $\text{STP}(\sharp M, \natural_t A) = \natural_{t+1} M(A)$, 否则它等于 0,
其中 M 为机器, A 为带位置, $M(A)$ 为 A 关于 M 的后继带位置 (successor tape position).

证明 设 $\langle x_0, x_1, \cdots, x_n \rangle$ 为 Gödel 编码, $(z)_i$ 为分量函数, 即

$$(\langle x_0, x_1, \cdots, x_n \rangle)_i = x_i, \quad i = 0, 1, \cdots, n,$$

$(z)_i$ 为二元初等函数.

令 $m = \sharp M, l = \sharp_t A$, 取

$$j = (l)_0,$$
$$k = (l)_1,$$
$$a_j = \begin{cases} 1, & \text{若 } (l)_{j+1} = 1, \\ 0, & \text{若 } (l)_{j+1} = 2, \end{cases} \quad (1 \leqslant j \leqslant t).$$

由 $\sharp M$ 的定义知, 存在递归函数 $e(m, l)$ 使得当 $(a_j, k) \in \mathrm{Dom}(M)$ 时,

$$e(m, l) = \langle \sharp d(a_j, k), \sharp p(a_j, k), \sharp s(a_j, k) \rangle.$$

可以证明存在递归函数 $d(m, l)$ 使得当 $m = \sharp M, l = \sharp_t A$ 且 $M(A)$ 有定义时, $d(m, l) = 1$, 否则 $d(m, l) = 0$.(留作习题)

令

$$e_0(m, l) = 2 \dotminus (e(m, l))_0 = \begin{cases} 2, & \text{若 } d(a_j, k) = 0, \\ 1, & \text{若 } d(a_j, k) = 1; \end{cases}$$

$$e_1(m, l) = (e(m, l))_1 \dotminus 2 = \begin{cases} -1, & \text{若 } p(a_j, k) = L, \\ 0, & \text{若 } p(a_j, k) = O, \\ +1, & \text{若 } p(a_j, k) = R; \end{cases}$$

$$e_2(m, l) = (e(m, l))_2 = \sharp s(a_j, k) = s(a_j, k).$$

这三个函数皆为递归函数, 旨在表示 $d(a_j, k), p(a_j, k)$ 和 $s(a_j, k)$.

因为 A 为

$$(j, k) : a_1, a_2, \cdots, a_j, \cdots$$

所以 $M(A)$ 有定义时, 它为

$$(j + p(a_j, k), s(a_j, k)) : a_1 \cdots a_{j-1} d(a_j, k) a_{j+1} \cdots$$

即 $M(A)$ 为

$$((l)_0 + e_1(m, l), e_2(m, l)) : a_1 \cdots a_{j-1} d(a_j, k) a_{j+1} \cdots$$

因此
$$\sharp_{t+1} M(A) = \langle (l)_0 + e_1(l,m), e_2(l,m), (l)_2, (l)_3, \cdots, (l)_{j-1},$$
$$e_0(m,l), (l)_{j+1}, \cdots, (l)_{t+1}, 2 \rangle.$$

故令
$$\text{STP}(m,l) = \langle (l)_0 + e_1(l,m), e_2(l,m), (l)_2, (l)_3, \cdots, (l)_{j-1},$$
$$e_0(m,l), (l)_{j+1}, \cdots, (l)_{t+1}, 2 \rangle \times d(m,l).$$

即可满足 $\text{STP}(\sharp M, \sharp_t A) = \sharp_{t+1} M(A)$.

由于 $\text{STP}(m,l)$ 为递归函数, 从而它为 Turing–可计算. □

引理 5.26 存在三元 Turing–可计算函数 $\text{TS}(m,l,k)$ 使其对于任意 $i \in \mathbb{N}^+$, 有
$$\text{TS}(\sharp M, \sharp_t A_1, i) = \sharp_{t+i} A_{i+1}. \tag{5.3}$$
这里 $A_1, A_2, \cdots$ 是 M 决定的带位置序列.

证明 令
$$\text{TS}(m,l,0) = l,$$
$$\text{TS}(m,l,k+1) = \text{STP}(m, \text{TS}(m,l,k)).$$

因为 STP 为递归函数, 所以 TS 为递归函数, 从而 TS 为 Turing–可计算函数. 以下对 i 作归纳证明式 (5.3).

对于 $i = 1$, 因为 $\text{TS}(m,l,1) = \text{STP}(m,l)$, 所以
$$\text{TS}(\sharp M, \sharp_t A_1, 1) = \text{STP}(\sharp M, \sharp_t A_1) = \sharp_{t+1} M(A_1) = \sharp_{t+1} A_2;$$

假设式 (5.3) 对于 $i = n$ 成立, 即 $\text{TS}(\sharp M, \sharp_t A_1, n) = \sharp_{t+n} A_{n+1}$;
对于 $i = n + 1$ 的情况,
$$\text{TS}(\sharp M, \sharp_t A_1, n+1) = \text{STP}(\sharp M, \text{TS}(\sharp M, \sharp_t A_1, n))$$
$$= \text{STP}(\sharp M, \sharp_{t+n} A_{n+1})$$
$$= \sharp_{t+n+1} M(A_{n+1})$$
$$= \sharp_{t+n+1} A_{n+2}.$$

故式 (5.3) 对于 $i = n + 1$ 成立.

综上所述, 式 (5.3) 对于任意 $i \in \mathbb{N}^+$ 皆成立. □

引理 5.27 存在机器 U', 使得对于任何机器 M,

$$M \mid A \twoheadrightarrow B \Rightarrow U' \mid \overline{(\sharp M, \sharp_t A)} \twoheadrightarrow \overline{\sharp_s B}.$$

证明 若 M 决定的完全带序列为 $A, \cdots, A_{k+1}$, 则 $\mathrm{TS}(\sharp M, \sharp_t A_1, k+1) = \mathrm{STP}(\sharp M, \sharp_{t+k} A_{k+1}) = 0$, 反之亦然.

设 $f(m,l) = \mu x.[\mathrm{TS}(m,l,x+1)]$, 从而 $f(m,l)$ 为部分递归函数, 故存在机器 U_1 计算 $f(m,l)$.

若 $f(m,l) = k$, 则 M 决定的带序列为 $A_1, \cdots, A_{k+1}$;

若 $f(m,l)$ 无定义, 则 M 决定的带序列为无穷序列.

设机器 U_2 计算函数 TS, 我们有

$$\begin{array}{rl}
& \overline{(\sharp M, \sharp_t A)} \\
& \quad \uparrow \\
\boxed{\mathrm{copy}_2}^2 \to & \overline{(\sharp M, \sharp_t A, \sharp M, \sharp_t A)} \\
& \quad\quad\quad \uparrow \\
U_1 \to & \overline{(\sharp M, \sharp_t A)} 0 \cdots 0 \overline{k} 0 \cdots \\
& \quad\quad\quad\quad\quad\quad \uparrow \\
\boxed{\mathrm{compress}} \to & \overline{(\sharp M, \sharp_t A, k)} \\
& \quad\quad\quad \uparrow \\
\boxed{\mathrm{shiftl}} \to & \overline{(\sharp M, \sharp_t A, k)} \\
& \quad \uparrow \\
U_2 \to & 0 \cdots 0 \overline{\sharp_{t+k} A_{k+1}} 0 \cdots \\
& \quad\quad\quad\quad \uparrow
\end{array}$$

令 U' 为

$$\boxed{\mathrm{copy}_2}^2 \Mapsto U_1 \Mapsto \boxed{\mathrm{compress}} \Mapsto \boxed{\mathrm{shiftr}} \Mapsto U_2.$$

若 $M \mid A \twoheadrightarrow B$, 则 $U' \mid \overline{(\sharp M, \sharp_t A)} \twoheadrightarrow \overline{\sharp_s B}$. □

定理 5.28 存在机器 U 使对任何机器 M 和任何 $(n_1, \cdots, n_k) \in \mathbb{N}^k$,

$$M \mid \overline{(n_1, \cdots, n_k)} \twoheadrightarrow \overline{y} \Leftrightarrow U \mid \overline{(\sharp M, n_1, \cdots, n_k)} \twoheadrightarrow \overline{y}.$$

证明 取 U 为 $\boxed{\mathrm{code}} \Mapsto U' \Mapsto \boxed{\mathrm{decode}}$ 即可. □

定理 5.28 中的机器被称为通用 Turing-机, 它由 Turing 首先提出.

通用 Turing 机的存在性是一个很有趣的结果: 一个 Turing 机单凭自身就可以完成任何 Turing 机可能做到的任何事. 通用性是指这样的机器能模拟任何其他 Turing 机. 通用 Turing 机在早期程序储存式计算机的研制中起到了重要的促进作用. 在以上通用性的意义下, 人就是一个通用计算机.

§5.5　Church-Turing 论题

在过去的 100 年中, 人们致力于能行可计算性的精确数学描述, 相继提出许多种方案, 形成所谓的计算模型.

下面列出主要的计算模型.

- Gödel, Herband, Kleene (1936): 一般递归函数和部分递归函数, 参见 [Kle52] 或本书第一章;

- Church (1936):$\lambda-$演算, 参见 [Chu41] 或本书第三章;

- Turing (1936):Turing 机, 参见 [Tur36] 或本书第五章;

- Post (1943):Post 推理系统, 参见 [Pos43];

- Markov(1954):Markov 算法, 参见 [Mar54];

- Shepherdson, Sturgis(1963):Unlimited Register Machine (URM), 参见 [She63];

- 算盘机: 参见 [Coh87] 或本书第二章.

在许多种不同模型问世后, 人们要问下面的问题.

问题 5.1　怎样比较各种不同模型所刻画的可计算性?

定理 5.29 (基本定理)　目前已知的各种刻画能行可计算性的模型给出了相同的可计算函数类.

这个著名结果是由许多专家共同给出的. 例如 Turing 研究 $\lambda-$演算与 Turing 机的关系, 证明 Turing–可计算函数类等同于 $\lambda-$可定义函数类 [Tur37]. 在本书中给出一些模型之间的等价性, 其余证明见参考文献.

这样的基本定理回答了问题 5.1.

人们还要问第二个问题.

问题 5.2　这些计算模型刻画能行可计算性的程度怎样?

事实上, 人们是问下面的问题.

问题 5.3　这些模型是否刻画了直觉概念——能行可计算性?

Church,Turing 和 Markov 等人宣称他们的模型所刻画的可计算函数类等同于非形式定义的直觉能行可计算函数类. 由基本定理知, 这些主张是数学等价的. 现在以 Church-Turing 论题 (Church-Turing Thesis,CT) 来概括这些主张. 以 Turing 方式叙述 CT 如下.

Church-Turing 论题　直觉能行可计算 (部分) 函数类等同于 Turing–可计算 (部分) 函数类.

CT 就是对问题 5.1 的回答. 自 CT 提出后人们对 CT 进行了许多探讨.

(1) CT 不是一个数学定理, 它是一个主张或信念. 相信 CT 真的人认为有两方面的证据支持 CT. 一是以上的基本定理, 二是迄今为止, 还没有找到一个函数被接受为直觉可计算, 但非 Turing 可计算. 现在大多数人倾向于接受 CT. 若承认 CT, 则在证明函数的可计算性时只要描述计算过程的非形式算法, 然后得到非形式证明, 这样的证明比形式证明要简短得多.

(2) 把 CT 看做一个定义, 即定义函数 f 为直觉能行可计算指 f 为 Turing–可计算. 或者更精确地, Turing–可计算性是非形式概念直觉能行可计算性的一个精确对应. 在微积分学中就有这样类似的例子. 例如直觉函数连续性与 $\epsilon-\delta-$连续性的关系, $\epsilon-\delta-$连续性是直觉连续性的精确对应, 人们也讨论精确描述和直觉概念之间的关系.

(3) 设 $\mathbb{C}$ 为 Turing–可计算函数类, 人们主要关注 $\mathbb{C}$ 太大, 还是太小. 大家认为不会太大, 那么是否太小呢? 目前没有反例, 但一直在寻找.

(4) 计算是直觉概念, CT 就是把它形式化. 同时, 算法 (algorithm) 也是一个直觉概念. 非形式地, 一个算法是执行某个任务的一个简单指令的集合. 若承认 CT, 则我们有定义: 直觉概念算法等同于 Turing 算法. 算法就有了精确的描述, 这样的描述对于解决一些问题 (例如著名的 Hilbert 第十问题) 是必要的.

(5) 近年来, 新的计算模型 (如量子计算) 的产生也对 CT 的认识产生影响, 人们又提出强 Church-Turing 论题和扩展 Church-Turing 论题, 这对 CT 的研究又深入一步, 参见 [Yao03].

总之, 计算概念的形式化是 20 世纪的重大科学进展之一.

习题

5.1　构造机器计算函数 $f(x,y,z) = y$.

5.2　构造机器 $\boxed{\text{copy}_1}$ 使 $\boxed{\text{copy}_1} | 01^x 0 \cdots \to 01^x 01^x 0 \cdots$
　　　　　　　　　　　　　　　　　　　　↑　　　　　　↑

5.3　构造机器计算函数 $f(x,y) = x \times y$.

5.4 构造机器计算函数 $f(x) = 2^x$.

5.5 设机器 M_1 定义如表 5.24.

表 5.24

	0	1
1	0L3	1R2
2	0L3	0R1
3	0L3	1L3

对于输入 $\bar{x}$, 求输出.

5.6 设机器 M_2 定义如表 5.25.

表 5.25

	0	1
1	0R2	0R1
2	1R3	0R1
3	1R4	
4	1R5	
5	1L6	
6	0R7	1L6

对于输入 $(2,1) : 01^n 01^m 01^k 00 \cdots$, 其中 $n, m, k \in \mathbb{N}^+$, 求输出.

5.7 构造机器计算函数 $f(x) = \lfloor \sqrt{x} \rfloor$.

5.8 设机器 $\boxed{f_1}$ 计算函数 f_1, 机器 $\boxed{f_2}$ 计算函数 f_2, 这里 f_1, f_2 为一元数论全函数. 构造机器 $\boxed{f}$ 计算函数 $f(x) = f_1(x) + f_2(x)$.

5.9 设 $f(x) = h(g_1(x), g_2(x), g_3(x))$, 试由机器 $\boxed{g_1}$, $\boxed{g_2}$, $\boxed{g_3}$ 和 $\boxed{h}$ 构造机器 $\boxed{f}$.

5.10 设 $f : \mathbb{N} \to \mathbb{N}$ 定义如下:

$$f(0) = 0,$$
$$f(x+1) = g(f(x)).$$

证明: 若 g 为 Turing–可计算, 则 f 为 Turing–可计算.

5.11 构造机器计算函数 $f(x, y) = x \dotminus y$.

5.12 证明: Even $= \{ 2x : x \in \mathbb{N} \}$ 是 Turing–可计算的.

5.13 证明: $S = \{ a_1, a_2, \cdots, a_k \}$ 是 Turing–可计算的.

5.14 设 $f : \mathbb{N} \to \mathbb{N}$ 是 Turing–可计算的, 构造机器 M 使其输出 f 的最小零点.

5.15 证明定理 5.21 中函数 g 为一般递归函数.

5.16 证明引理 5.25 中的函数 $e(m,l)$ 为一般递归函数.

5.17 令 $S = \{\, \sharp M : M \text{为 Truing 机} \,\}$, 证明 S 为 Turing–可计算.

5.18 由 CT 证明函数 $g(n)$ 可计算, 这里

$$g(n) = \text{在自然对数之底 e 的十进制展开式中第 } n \text{ 个数字.}$$

5.19 (1) 什么是停机问题?
     (2) 什么是可判定问题 (decision problem)?
     (3) 停机问题可判定吗?

5.20 (1) 什么是通用 Turing 机 (universal Turing machine)?
     (2) 通用 Turing 机起什么作用?

参考文献

[Bar84] H. P. Barendregt. The lambda calculus: its syntax and semantics[M]. 2nd ed. Amsterdam: North-Holland Publishing Company, 1984.

[Bar90] H. P. Barendregt. Functional programming and lambda calculus[M]//J. van Leeuwen. Handbook of theoretical computer science: volume B. Formal models and sematics. Amsterdam: Elsevier and MIT Press, 1990: 321-363.

[Bar92] H. P. Barendregt. Representing "undefined" in lambda calculus[J]. Journal of Functional Programming. 1992, 2(3): 367-374.

[Boo02] G. S. Boolos, R. C. Jeffrey, J. P. Burgess. Computability and logic[M]. Cambridge: Cambridge University Press, 2002.

[Chu32] A. Church. A set of postulates for the foundation of logic[J]. Annals of Mathematics. 1932, 2(33): 346-366.

[Chu36] A. Church. An unsolvable problem of elementary number theory[J]. American Journal of Mathematics. 1936, 58: 345-363.

[Chu41] A. Church. The calculi of lambda-conversion[M]. Princeton: Princeton University Press, 1941.

[Coh87] D. E. Cohen. Computability and logic[M]. Chichester: Ellis Horwood, 1987.

[Cur58] H. B. Curry, R. Feys. Combinatory logic[M]: volume 1. Amsterdam: North-Holland Publishing Company, 1958.

[Cur72] H. B. Curry, J. R. Hindley, J. P. Seldin. Combinator logic[M]: volume 2. Amsterdam: North-Holland Publishing Company, 1972.

[Cut80] N. Cutland. Computability: an introduction to recursive function theory[M]. Cambridge: Cambridge University Press, 1980.

[Dav01] M. Davis. Engines of logic: mathematicians and the origin of the computer[M]. New York: W. W. Norton & Company, Inc. , 2001.

[dB80] N. G. de Brui jn. A survey of the project AUTOMATH[M]//J. Seldin, J. R. Hindley. To H. B. Curry: essays in combinatory logic, lambda calculus and formalism, London: Academic Press, 1980: 579-606.

[Har79]　G. H. Hardy, E. M. Wright. An introduction to the theory of numbers[M]. 5th ed. Oxford: Oxford University Press, 1979.

[Har02]　G. H. Hardy. A course of pure mathematics[M]. 10th ed. Cambridge: Cambridge University Press, 2002.

[Hin86]　J. R. Hindley, J. P. Seldin. Introduction to combinators and lambdacalculus[M]. Cambridge: Cambridge University Press, 1986.

[Kle36]　S. C. Kleene. Lambda definability and recursiveness[J]. Duke Mathematical Journal, 1936, 2: 340-353.

[Kle52]　S. C. Kleene. Introduction to metamathematics[M]. Amsterdam: North-Holland Publishing Company, 1952.

[Klo80]　J. W. Klop. Combinatory reduction systems[M]. Amsterdam: Mathematisch Centrum, 1980.

[Kön36]　D. König. Theorie der endlichen und unendlichen Graphen[M]. Leipzig: Akademische Verlagsgesellschaft, 1936.

[Mal79]　J. Malitz. Introduction to mathematical logic[M]. New York: Springer-Verlag, 1979

[Mar54]　A. A. Markov. The theory of algorithms[M]. Moscow: Academy of Sciences of the U. S. S. R. , 1954.

[Mon76]　J. D. Monk. Mathematical Logic[M]. New York: Springer-Verlag, 1976.

[Pen89]　R. Penrose. The emperor's new mind: concerning computers, minds, and the laws of physics[M]. Oxford: Oxford University Press, 1989.

[Pos43]　E. Post. Formal reductions of the general combinatorial decision problem[J]. American Journal of Mathematics, 1943, 65(2): 197-215.

[Sco82]　D. S. Scott. Domains for denotational semantics[M]//M. Nielsen, E. M. Schmidt. International colloquium on automata, languages and programming(ICALP), 9th Colloquium. Heidelberg: Springer-Verlag, 1982: 577-613.

[Sel80]　J. P. Seldin, J. R. Hindley. To H. B. Curry, essays on combinatory logic, lambda calculus and formalism[M]. London: Academic Press, 1980.

[She63]　J. C. Shepherdson, H. E. Sturgis. Computability of recursive functions[J]. Journal of the ACM. 1963, 10(2): 17-255.

[Tur36]　A. M. Turing. On computable numbers, with an application to the Entscheidungsproblem[J]. Proceedings of the London Mathematical Society. 1936, 2-42(1): 230-265.

[Tur37]　A. M. Turing. Computability and λ-definability[J]. The Journal of Symbolic Logic. 1937, 2(4): 153-163.

[Yao03]　A. C. -C. Yao. Classical physics and the Church-Turing thesis[J]. Journal of the ACM. 2003, 50: 100-105.

[胡04]　胡海星, 宋方敏. 一种基于算盘的计算模型 [J]. 计算机科学. 2004, 1: 98-102.

郑重声明

高等教育出版社依法对本书享有专有出版权。任何未经许可的复制、销售行为均违反《中华人民共和国著作权法》，其行为人将承担相应的民事责任和行政责任，构成犯罪的，将被依法追究刑事责任。为了维护市场秩序，保护读者的合法权益，避免读者误用盗版书造成不良后果，我社将配合行政执法部门和司法机关对违法犯罪的单位和个人进行严厉打击。社会各界人士如发现上述侵权行为，希望及时举报，本社将奖励举报有功人员。

反盗版举报电话　（010）58581897　58582371　58581879
反盗版举报传真　（010）82086060
反盗版举报邮箱　dd@hep.com.cn
通信地址　北京市西城区德外大街4号　高等教育出版社法务部
邮政编码　100120